中国蒙古学文库

兴安盟草原野生药用植物研究

阿拉坦巴根　主编

辽宁民族出版社

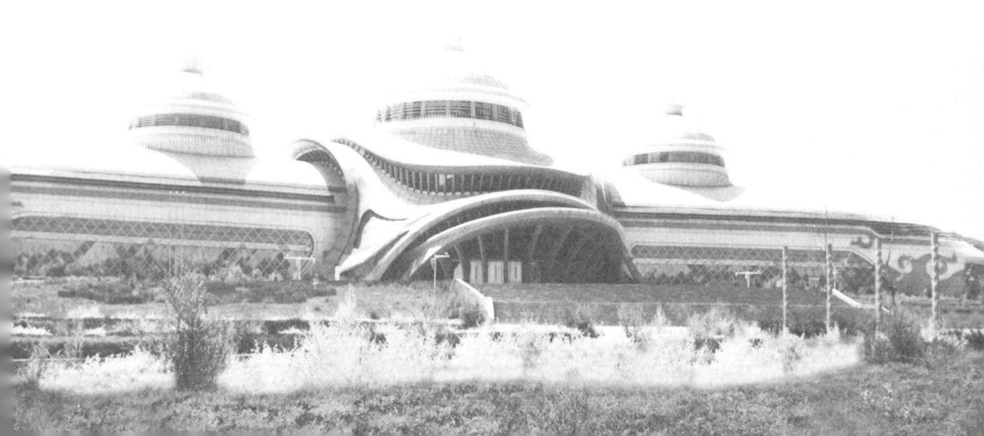

图书在版编目（CIP）数据

兴安盟草原野生药用植物研究 / 阿拉坦巴根主编. —沈阳：辽宁民族出版社，2021.12
（中国蒙古学文库）
ISBN 978-7-5497-2489-5

Ⅰ. ①兴… Ⅱ. ①阿… Ⅲ. ①草原—野生植物—药用植物—研究—兴安盟 Ⅳ. ①Q949.95

中国版本图书馆CIP数据核字（2021）第189015号

兴安盟草原野生药用植物研究

XING'AN MENG CAOYUAN YESHENG YAOYONG ZHIWU YANJIU

出版发行者：辽宁民族出版社
地　　址：沈阳市和平区十一纬路25号　邮编：110003
印 刷 者：辽宁鼎籍数码科技有限公司
幅面尺寸：145mm×210mm
印　　张：13.625
字　　数：380千字
插　　页：8
印　　数：1-1000
出版时间：2021年12月第1版
印刷时间：2021年12月第1次印刷
责任编辑：特日格乐
封面设计：杜　江
封面摄影：呼格吉乐图
责任校对：刘　泉

标准书号：ISBN 978-7-5497-2489-5
定　　价：70.00元

网　　址：www.lnmzcbs.com　　邮购热线：024-23284335
淘宝网店：http://lnmz2013.taobao.com
如有印装质量问题，请与出版社联系调换　　联系电话：024-23284340

中国蒙古学文库

布赫

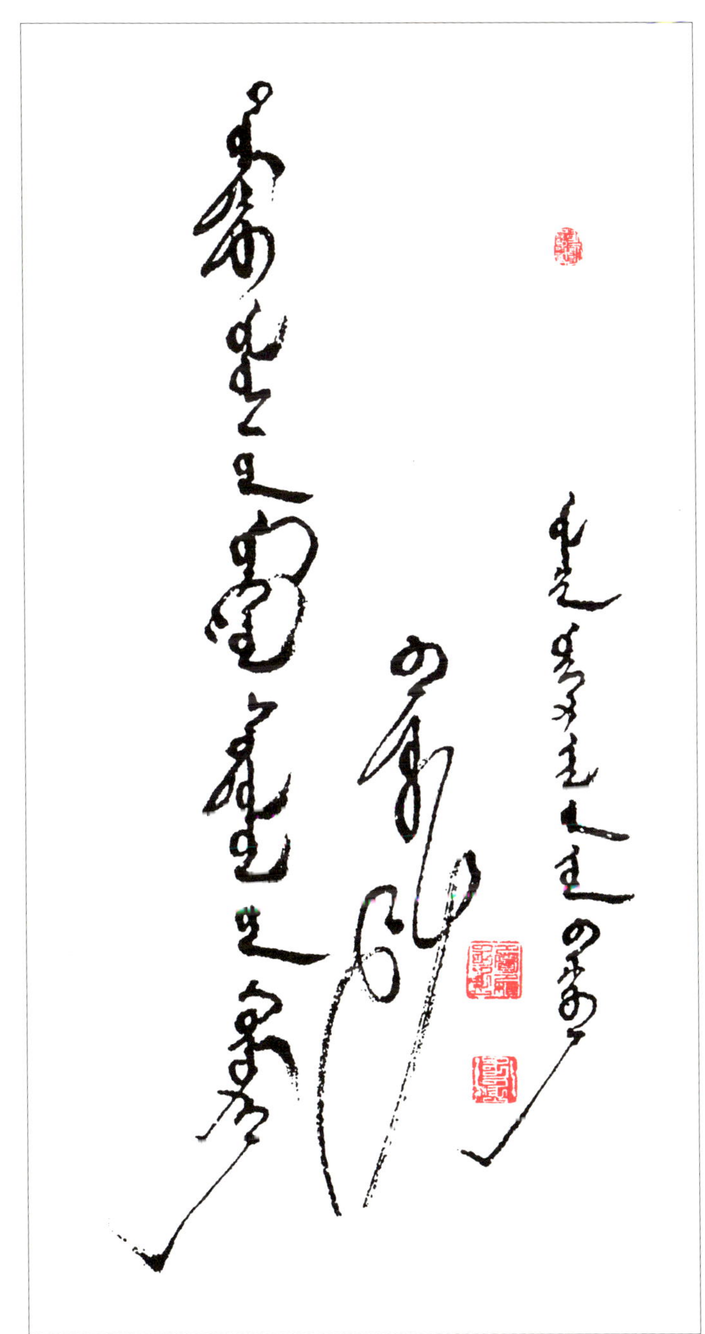

《中国蒙古学文库》编写委员会

《兴安盟草原野生药用植物研究》
编写委员会

主编 / 阿拉坦巴根

人员 /（按姓氏笔画排序）

包秋杰　包睿媛　毕盛楠　李凤娇

侯伟峰　宫连坤　崔　锐　崔特日格乐

《中国蒙古学文库》第三版总序

在《中国蒙古学文库》（以下简称《文库》）第三版100本著作即将启动之际，有必要对已出版的第一、二版的成功经验做一个总结。《文库》自1997年正式启动至今历时23年，在各级领导的关怀下，通过两代编委和辽宁民族出版社同仁的倾力而为，已经成功出版了两版共200本学术著作，为弘扬中华优秀传统文化，为打造中国学术、中国理论和坚持中国立场，为国家“五位一体”总体布局建设做出了应有贡献。在这个凝心聚力、努力工作的过程中，有三条基本经验需要总结。

一、坚持正确的政治方向。坚持马克思列宁主义、毛泽东思想、邓小平理论、“三个代表”重要思想、科学发展观、习近平新时代中国特色社会主义思想，与党中央保持高度一致，始终坚持中华民族伟大复兴历史方位，是《文库》编委会一贯坚持的原则。《文库》第三版编委会将继续坚持这一出版工作的政治遵循。

二、传承和弘扬中华优秀传统文化。习近平总书记在中国文联第十次全国代表大会、中国作协第九次全国代表大会开幕式上的讲话中明确指出：“文化是一个国家、一个民族的灵魂。”“文化自信，是更基础、更广泛、更深厚的自信，是更基本、更深沉、更持久的力量。坚定文化自信，是事关国运兴衰、事关文化安全、事关民族精神独立性的大问题。没有文化自信，不可能写出有骨气、有个性、有神采的作品。”在党的民族政策的正确领导下，在内蒙古自治区党委、政府的大力支持下，《文库》先后出版了两版优秀学术著作200本。

三、以铸牢中华民族共同体意识为主线。2019年7月15日至

16日，习近平总书记在内蒙古考察并指导开展“不忘初心、牢记使命”主题教育时指出，要高举各民族大团结旗帜，全面贯彻党的民族政策，深化民族团结进步教育，践行守望相助理念，铸牢中华民族共同体意识，把各族人民紧紧团结在党的周围，共同守卫祖国边疆，共同创造美好生活，在新时代继续呵护好“模范自治区”的崇高荣誉。《文库》聚焦民族平等团结进步、共同繁荣发展，凸显民族交往交流交融、和谐共生的历史过程与现状发展。《文库》编委会自成立以来，始终高举党领导下民族团结的伟大旗帜，在选题方面，优先选择了各民族文化交往交流交融的题材；在编委会组成方面，坚持民族团结的“石榴籽”原则，由多民族的专家学者共同组成编辑委员会；在编委会工作中，坚持掌握好、运用好国家通用语言文字和包容少数民族语言文字的原则。《文库》是各民族优美语言文字得以彰显、中华优秀传统文化得以弘扬的传世工程。《文库》一贯秉持我党各民族一律平等、共同繁荣发展的理念，坚持用汉文、蒙古文两种文字出版，坚决把好政治关、学术关、文字关，使《文库》的每一本著作既具有学术水平、理论高度、现实意义，也具有可读性、大众性、传播性。

《文库》编委会成立以来，民族团结的氛围得到了真正彰显，大家团结一心、使命共赴、责任共担、智慧齐聚，每一本著作的质量都得到了切实保障。在《文库》第三版100本著作即将启动之际，我们必须对自治区老领导、专家学者的贡献表达崇敬之情！《文库》23年的出版历程，令我们感慨万千。《文库》两版200本著作之所以能为国家文化事业发展做出贡献，与自治区老领导和专家学者的巨大贡献以及辛勤劳动密不可分。《文库》由内蒙古自治区原副主席阿拉坦敖其尔指导筹备并亲自担任领导小组组长，老人家直到去世，始终关心关怀《文库》的编辑出版工作，尤其重视把好政治关和学术关，为《文库》的顺利出版做出了卓越贡献。

第一版百本著作的总序由内蒙古自治区社会科学院历史研究所原所长、已故历史学家留金锁研究员执笔，内蒙古自治区社会科学院原秘书长、已故经济学家陈献国研究员为第一版的编辑出版付出了艰辛劳动。第二版百本著作的总序由内蒙古师范大学法政学院格·孟和教授执笔，对出版后续百本著作的重大意义进行了深刻阐述。这两版的总序各有所长，语言流畅、思辨睿智。

《文库》前两版的编委们数十年如一日，无私奉献，堪称楷模。辽宁民族出版社的同仁们尤其令人敬佩。李凤山社长带领所有员工，兢兢业业，打造精品，为每一本著作的编辑和出版工作付出心血和汗水。

我们坚信，所有参与《文库》前两版编辑出版工作的人员必将名留史册，你们的精神和品格时刻激励着《文库》第三版编著者们。我们衷心地感谢你们，并向你们致以崇高的敬意！我们要不辱使命，既往开来，再创辉煌！

《中国蒙古学文库》第三版编委会

2020年11月18日

前　　言

兴安盟位于内蒙古自治区东北，大兴安岭南麓，横跨大兴安岭主峰。地势北高南低，呈现由大兴安岭山地逐渐向松嫩平原和科尔沁草原过渡的地貌。植被也由森林植被向草原植被和农耕地区植被过渡。分布在宝格达山—索伦—阿拉达尔吐—巴彦扎拉嘎以南的低山丘陵与平原地区，东与松嫩平原相连；南为科尔沁草原北缘；西南与锡林郭勒草原毗邻；北接呼伦贝尔草原；西与蒙古国草原接壤。根据气候特点和植被特征及大地形条件的不同，将兴安盟天然草地划分为草甸草原、干草原、草甸、低地草甸和沼泽草原等5个草场类和14个草场亚类、76个草场型；天然草原野生植物各类达到113科447属1164种，是我国野生中药材的天然宝库。

兴安盟草原面积变化较大，20世纪60年代，全盟天然草原面积为460万公顷；到80年代，草原面积变为300万公顷；到2010年，草原面积减少为227万公顷。大面积平坦、土质肥沃的野生中药材生长之地被开垦，变为农田、林地，加之无计划的过度采挖、超载过牧等人为破坏，使大量生长野生中药材的平坦开阔的草原改变用途；仅剩的山顶草原也由于过度采挖、超载过牧等原因变得不适宜野生中药材生长，从而导致了兴安盟草原野生中药材储量显著下降，有些种类甚至濒临灭绝。

习近平总书记在参加十三届全国人大四次会议内蒙古代表团审议时提出，希望内蒙古的同志坚持稳中求进工作总基调，坚持以人民为中心的发展思想，坚持统筹发展和安全，立足新发展阶段、贯彻新发展理念、构建新发展格局，按照把内蒙古建设成为我国北方重要生态安全屏障、祖国北疆安全稳定屏障，建设国家重要能源和战略资源基地、农畜产品生产基地，打造我国向北开放重要桥头堡的战略定位，进一步明确经济发展的重点产业和主攻方向，推动相关产业迈向高端化、智能化、绿色化，因地制宜发展战略性新兴产业和先进制造业，统筹推进基础设施建设。要注意扬长避短、培优增效，全力以赴把结构调过来、功能转过来、质量提上来。要紧扣产业链供应链部署创新链，不断提升科技支撑能力。要深化改革开放，优化营商环境，积极参与共建“一带一路”，以高水平开放促进高质量发展。特别是在2020年初抗击新型冠状病毒肺炎疫情的战斗中，中西医发挥所长，协同救治，有力地推动了中医、蒙医药及民族医药的发展，总书记为中蒙医药的发展指明了方向，也对此提出了新的要求。

作者结合近40年的草原建设、保护工作经验，对草原野生药用植物进行了研究分析。通过对中医、蒙医药用植物形态、数量及两者兼用的比较，提出了目前药用植物的生产、应用中存在的问题及相应的可持续利用方法和措施，同时对94科269属463种药用植物的生境、分布、储量、药用价值、在蒙医药当中的作用等进行了论述。

本书科、属、种的顺序及药用植物的中文学名、别名、蒙古名、拉丁名均参照《内蒙古植物志》（第二版）。

目 录

第一部分 兴安盟草原野生药用植物的研究

第二部分 常用野生药用植物

第一部分
兴安盟草原野生药用植物的研究

第一章

[illegible]

第一章　兴安盟草原资源

第一节　兴安盟概况

兴安盟位于内蒙古自治区东北部，地处大兴安岭向松嫩平原过渡带，东北、东南分别与黑龙江、吉林两省毗邻；南部、西部、北部分别与通辽市、锡林郭勒盟和呼伦贝尔市相连；西北部与蒙古国接壤，边境线长 126 千米。盟境南北长 380 千米，东西宽 320 千米，总面积 59806 平方千米。由西北向东南分为四个地貌类型：中山地带、低山地带、丘陵地带和平原地带，海拔高度 150 ~ 1800 米。山地和丘陵占 95% 左右，平原占 5% 左右。依据地貌特征，经济区划大致分为林区、牧区、半农半牧区和农区。林区主要集中在大兴安岭主脊线的中山地带，有 7000 多平方千米。牧区主要集中在乌兰毛都低山地带，有 8000 多平方千米。半农半牧区和农区分布在低山丘陵和平原地带，有 45000 多平方千米。

兴安盟位于温带大陆性季风气候区，立体气候特征明显，四季分明，地区差异显著。春季干旱多风，气温回升快，日温差较大。夏季温热短促，兴安盟大部地区夏季为 2 个月左右，西北部中山区则春秋相连，无夏季。全年最高气温出现于 7 月。秋季气温急剧下降，秋霜早。冬季严寒漫长，兴安盟大部地区为 5 ~ 6 个月，西北部林区长达 7 个月。全年最低气温出现于 1 月。年平均气温大部地区为 4 ~ 6℃，西北部林区为—3.2℃。全年无霜期大部分地区为 120 ~ 140 天，岭西北为 51 天。光照充足，光能资源丰富，全年太阳总辐射量大部地区为 5500 ~ 6000 兆焦耳 / 平方米。年降水量多年平均值在 373 ~ 467 毫米，降水年际变率大，保证率低。

年降水量的 72% ~ 78% 集中在 6 ~ 8 月。

兴安盟有大小河流 200 多条，分属嫩江水系、额尔古纳河水系、西辽河水系、内陆河水系。主要河流有 7 条：绰尔河、洮儿河、归流河、哈拉哈河、霍林河、罕达罕河、蛟流河，均发源于大兴安岭。大部分河流属嫩江水系，流域面积 49041 平方千米，占兴安盟总面积的 82%；处于大兴安岭西麓的哈拉哈河属额尔古纳河水系，流域面积 4118 平方千米，占兴安盟总面积的 6.9%；西辽河水系有乌纳格其河，流域面积为 6413 平方千米，占兴安盟总面积的 10.7%；内陆河水系有乌拉盖河，流域面积 234 平方千米，占兴安盟总面积的 0.4%。兴安盟水资源总量为 50.04 亿立方米，其中，地下水资源为 18.97 亿立方米，占总量的 38%，可开采量为 8.35 亿立方米；地表水资源量为 31.07 亿立方米，占总量的 62%（不包括河流境外来水量 17.77 亿立方米）。有水库 25 座，总库容 19 亿立方米。水资源总量 50 亿立方米，居内蒙古自治区第二位。兴安盟地下水资源多年平均可开采量为 8.35 亿立方米，地下水埋深一般在 2~3 米，高岗地段水位埋深大于 4 米，易于开采。

兴安盟土壤复杂，土壤类型和土被结构呈多样性，可划分为暗棕壤、灰色森林土、棕色针叶林土、黑土、黑钙土、草甸土、栗钙土、风沙土、粗骨土、石质土、沼泽土、盐土等 12 个土类，30 个亚类 52 个土属 133 个土种 166 个土壤类型。

兴安盟野生动物资源丰富，经济价值较高的有獐、熊、驼鹿、雉鸡、榛鸡、狐狸、猞猁、狍子等。野生经济动物 140 多种，主要分布在阿尔山、白狼、五岔沟林区，科右中旗的新佳木、义和道卜地区，扎赉特旗的图牧吉等地。国家级科尔沁自然保护区脊椎动物有 254 种，有国家级保护动物 45 种。图牧吉国家级自然保护区有脊椎动物 309 种，其中国家级保护动物 46 种。

截至2018年末，兴安盟户籍人口163.91万人。其中，非农业人口58.27万人；蒙古族人口71.71万人，其他少数民族人口8.79万人。据2018年人口变动抽样调查资料测算，截至2018年末，兴安盟常住人口160.79万人，出生率为8.85‰，死亡率为6.36‰，人口自然增长率为2.49‰。城镇化率为49.06%，比上年增长0.70%。兴安盟人口以蒙古族为主体，除此之外，汉族占多数，其他少数民族有朝鲜族、满族、回族等20个。

第二节　兴安盟草原资源

兴安盟现有天然草地 3.03 万平方千米，占兴安盟土地面积的 50.7%，其中可利用草地面积 2.61 万平方千米，占草地总面积的 86.1%。分布在宝格达山—索伦—阿拉达尔吐—巴彦扎拉嘎以南的低山丘陵、平原地区，东与松嫩平原相连，南为科尔沁草原北缘。根据以反应水热为中心的气候特点和植被特征及大地形条件的不同，将兴安盟天然草地划分为 5 个草场类和 14 个草场亚类；在草场亚类下又根据草地植物生态经济类群的构成及草场植被优势种的不同，划分为 27 个草场组和 76 个草场型。在草甸草原、干草原、草甸、低地草甸和沼泽草原 5 个草场类中，草甸草原的面积为 2.07 万平方千米，占总草地面积的 68.3%，形成了兴安盟天然草场的重要放牧场和打草场。

一、草甸草原类草场

本类草场是兴安盟地区分布最广、面积最大和最具代表性的一个草场类型，它广泛分布于扎赉特旗、科右前旗、突泉县、乌兰浩特市大部和科右中旗西北部的山区、低山丘陵区和波状平原区。草场面积为 2.07 万平方千米，占兴安盟草场总面积的 68.3%，其中可利用草场面积为 1.82 万平方千米，占兴安盟可利用草场面积的 69.3%。

本类草场主要分布的北部山区寒冷湿润，无霜期短，热量不足，少部分地区有 3 个多月的积雪期覆盖山地；南部平原区热量比较充沛，降水量相对减少，冬雪不大，白灾频率小，年平均气温为—2 ~ 5℃，最热月平均气温为 20 ~ 23.3℃，最冷月平均气温为—13.7 ~ 17.4℃，不小于 10℃活动积温为 1600 ~ 2800℃，年平均降水量为 380 ~ 460 毫米，无霜期 90 ~ 140 天。

土壤类型主要有灰色森林土、棕壤、暗棕壤、黑钙土、暗栗钙土和栗钙土等。灰色森林土主要分布在北部海拔 1000 米左右的山地林缘草甸草原区；暗棕壤则多出现在海拔 500 米以上的中低山灌丛化草甸草原区；棕壤和黑钙土多呈复区存在，主要分布在海拔 350~600 米的低山地带；暗栗钙土和栗钙土在该类草场中占地面积最大，主要分布在丘陵坡地及台地，海拔高度一般在 180 ~ 420 米。

草场植被多以中生灌木、中旱生草本和中旱生杂类草为建群和优势植物而形成稳定群落。常见灌木有西伯利亚杏、虎榛子、绣线菊、二色胡枝子等。草本植物主要有线叶菊、贝加尔针茅、羊草、野古草、大油芒、隐子草、日阴菅、羊茅、苔草、山野豌豆等。草场植被生长发育繁茂，植物种类较为丰富，平均每平方米有植物 15 ~ 40 种，产草量高，平均每亩产鲜草 242.5 千克，最高类型平均亩产可达 507.5 千克。暖季百亩草场理论载畜能力为 15 个绵羊单位，冷季百亩草场理论载畜能力为 9.6 个绵羊单位。

草甸草原类草场包含 3 个草场亚类 12 个草场组 43 个草场型。

二、干草原类草场

干草原类草场面积为 0.39 万平方千米，占兴安盟天然草场总面积的 12.7%，可利用面积为 0.30 万平方千米，占兴安盟可利用草场面积的 11.66%。集中分布于兴安盟南部，科尔沁沙地北部边缘的坨甸交错分布地区。海拔高度多在 200~320 米，年平均气温为 4 ~ 5.6℃，无霜期为 135 天，年平均风速达 4.5 米 / 秒，4 级以上风天数为 180 天，年降水量在 350~400 毫米，土壤以暗栗钙土、栗钙土和沙土为主。

草场植被以旱生多年生草本植物为主，同时混生一定数量的中旱生和中生灌木及小半灌木。草场植被的代表类型有山杏——大针茅草场型和以羊草为主的根茎禾草草场型。前者占据着地带性生境，为最标准、最稳定的草场植被；后者多分布于平原和坡地的下基部，并在人为干扰较大的地段常常形成以蒿类、达乌里胡枝子、隐子草、寸草苔、虎尾草等为主的退化草场。组成本类草场植被的主要建群种和优势种植物有大针茅、糙隐子草、羊草、丛生隐子草、野古草、拂子茅、冰草、牛枝子、山杏、铁杆蒿、光沙蒿、差巴嘎蒿、大果榆等。草层高度为 20～60 厘米，植被盖度为 22%～35%，平均亩产鲜草 208.1 千克。暖季百亩草场理论载畜能力为13.6个绵羊单位,冷季百亩草场理论载畜能力为9.32个绵羊单位。

三、草甸类草场

草甸类草场为隐域性草场植被，面积 61.8 平方千米，其中可利用面积为 55.6 平方千米，分别占兴安盟草场总面积和草场可利用面积的 0.2% 和 0.21%。多发育在土层深厚的山地缓坡，在兴安盟仅在北部大兴安岭山地海拔 1000 米以上的宝格达山和乌布林地区有少量分布。草甸类草场是因大兴安岭山地的隆起，引起大气温度的降低，湿度增大和降水量增加所形成的面积较小，且呈垂直分布的草甸植被。分布区域受所处自然条件影响，年降水量为 400～600 毫米，年平均气温为—2～4℃。土壤为灰色森林土、暗棕壤和草甸土。

草场植被主要由苔草属、地榆属、委陵菜属、早熟禾属及其他杂类草组成。优势种植物一般为瘤囊苔草、凸脉苔草、地榆、委陵菜、额尔古纳早熟禾等。主要伴生种有金莲花、莓叶委陵菜、黄花苜蓿、老鹳草、山野豌豆、柳叶蒿、风毛菊、紫菀、山野菊、瓣蕊唐松草等，种类十分丰富。草层平均高 30～53 厘米，植被盖度在 90% 以上。平均亩产鲜草为 268.6 千克。暖季百亩草场理论载畜能力为 17.79 个绵羊单位，冷季百亩草场理论载畜能力为 11.32 个绵羊单位。

四、低地草甸类草场

低地草甸类草场广泛分布于兴安盟各河流沿岸的漫滩地、山间谷地、山麓冲积扇边缘和供水条件良好的甸子地上。总面积为0.49万平方千米，占兴安盟天然草场总面积的16.18%，其中可利用面积为0.42万平方千米，占兴安盟天然草场可利用面积的16.02%。低地草甸类草场水分供给条件好，因除其所在地地下水位高和大气降水外，还承受河流泛滥、地表径流、泉水溢出等水源补给，土壤水分多适宜中生草本植物的正常发育和生长的需要。

土壤一般为草甸土、沼泽草甸土、灰色草甸土、草甸沼泽土、黑土和黑钙土，质地黏重，富含有机质，有些地方地表盐分积聚，呈现片状秃斑。草场植被主要由中生的多年生草本植物组成，也包括中旱生、湿生植物，常为高大草群。在草群中起优势作用的植物有地榆、鹅绒委陵菜、裂叶蒿、苔草、拂子茅、蒙古剪股颖、羊草、马蔺、灰脉苔草、大叶樟等，植物种类丰富。草层平均高度为60厘米，植被盖度70%左右，平均亩产鲜草361千克。暖季百亩草场理论载畜能力为22.43个绵羊单位，冷季百亩草场理论载畜能力为14.43个绵羊单位。

五、沼泽类草场

沼泽类草场为隐域性植物，面积为787.27平方千米，占兴安盟天然草场总面积的2.59%，可利用面积为588.2平方千米，占兴安盟可利用草场面积的2.25%。主要分布在扎赉特旗北部、科右前旗北部、科右中旗义和道卜苏木、军马场、布敦化苏木和靠近霍林河沿岸的部分积水、多水地域。土壤过湿或水分积聚是沼泽类草场形成的首要条件。沼泽类草场植被由莎草科植物和适应极湿环境的其他科植物组成，几乎都是多年生植物，在草群中起建群作用的植物有灰脉苔草、塔头苔草、三棱藨草、鹅绒委陵菜、芦苇、荩草、碱蓬等。植物群落种类单纯。草群平均高度为77.6厘米，植被盖度为57%，平均亩产鲜草490.23千克。暖季百亩草场理论载畜量为 27.24 个绵羊单位，冷季百亩草场理论载畜量为 15.89 个绵羊单位。

第三节　兴安盟草原植物资源

兴安盟草原野生植物资源丰富，在各类草地上分布着 113 科 447 属 1164 种植物。其中蕨类植物 14 科 21 属 44 种，裸子植物 3 科 4 属 6 种，被子植物 96 科 422 属 1114 种。主要分布在禾本科、菊科、蓼科、蔷薇科、毛茛科及十字花科等几大科中（详细见草原野生植物明细表）。其中饲用植物 619 种，占植物种类总数的 66.8%，其中饲用价值较高的植物种类有 321 种。野生油料植物主要有：山杏、榛子、文冠果、苍耳、野亚麻、白桦、黑桦和油松。野生纤维植物主要有：芨芨草、芦苇、龙须草、猪鬃草（针茅）、乌拉草、马蔺等。野生淀粉植物主要有：蒙古栎、灰菜、稗、野燕麦、苦荞麦、狗尾草和野豌豆。可食用菌类及植物主要有：蘑菇、木耳、狭叶荨麻、猴头、蕨菜和金莲花、黄花菜等珍贵植物。五岔沟至阿尔山地区，有松口蘑、密环菌（榛蘑）、侧耳（黄蘑）、毛柄金钱菌（金针菇）等珍稀菌类植物。

表1—1 兴安盟草原野生植物明细表

序号	科名	属名	种数
1	石松科	石松属	杉蔓石松
2	卷柏科	卷柏属	尖叶卷柏
			西伯利亚卷柏
			圆枝卷柏
			小卷柏
			呼玛卷柏
			中华卷柏
			卷柏
3	木贼科	木贼属	问荆
			林问荆
			草问荆
			节节草
			犬问荆
			水木贼
			木贼
4	阴地蕨科	阴地蕨属	扇羽阴地蕨
5	蕨科	蕨属	蕨
6	中国蕨科	薄鳞蕨属	华北薄鳞蕨
		粉背蕨属	银粉背蕨
			无粉银粉背蕨

续表

序号	科名	属名	种数
7	裸子蕨科	金毛裸蕨属	耳羽金毛裸蕨
8	蹄盖蕨科	蹄盖蕨属	中华蹄盖蕨
			短叶蹄盖蕨
			多齿蹄盖蕨
		冷蕨属	冷蕨
		羽节蕨属	羽节蕨
			欧洲羽节蕨
		短肠蕨属	黑鳞短肠蕨
9	铁角蕨科	铁角蕨属	北京铁角蕨
			钝齿铁角蕨
		过山蕨属	过山蕨
10	球子蕨科	荚果蕨属	荚果蕨
11	岩蕨科	膀胱蕨属	膀胱蕨
		岩蕨属	心岩蕨
			岩蕨
			耳羽岩蕨
			中岩蕨
12	鳞毛蕨科	鳞毛蕨属	香鳞毛蕨
			远东鳞毛蕨
			广布鳞毛蕨
			华北鳞毛蕨

续表

<table>
<tr><th>序号</th><th>科名</th><th>属名</th><th>种数</th></tr>
<tr><td rowspan="2">13</td><td rowspan="2">水龙骨科</td><td>多足蕨属</td><td>小多足蕨</td></tr>
<tr><td>石韦属</td><td>长柄石韦</td></tr>
<tr><td>14</td><td>槐叶苹科</td><td>槐叶苹属</td><td>槐叶苹</td></tr>
<tr><td rowspan="3">15</td><td rowspan="3">松科</td><td>落叶松属</td><td>兴安落叶松</td></tr>
<tr><td rowspan="2">松属</td><td>樟子松</td></tr>
<tr><td>油松</td></tr>
<tr><td>16</td><td>柏科</td><td>圆柏属</td><td>兴安圆柏</td></tr>
<tr><td rowspan="2">17</td><td rowspan="2">麻黄科</td><td rowspan="2">麻黄属</td><td>草麻黄</td></tr>
<tr><td>中麻黄</td></tr>
<tr><td rowspan="13">18</td><td rowspan="13">杨柳科</td><td rowspan="2">杨属</td><td>山杨</td></tr>
<tr><td>甜杨</td></tr>
<tr><td>钻天柳属</td><td>钻天柳</td></tr>
<tr><td rowspan="10">柳属</td><td>五蕊柳</td></tr>
<tr><td>朝鲜柳</td></tr>
<tr><td>旱柳</td></tr>
<tr><td>越橘柳</td></tr>
<tr><td>兴安柳</td></tr>
<tr><td>谷柳</td></tr>
<tr><td>大黄柳</td></tr>
<tr><td>粉枝柳</td></tr>
<tr><td>卷边柳</td></tr>
</table>

续表

序号	科名	属名	种数
18	杨柳科	柳属	蒿柳
			细叶沼柳
			沼柳
			黄柳
			筐柳
19	胡桃科	胡桃属	胡桃楸
20	桦木科	桦木属	白桦
			黑桦
			柴桦
			油桦
			岳桦
		榛属	榛
		虎榛子属	虎榛子
21	壳斗科	栎属	蒙古栎
22	榆科	榆属	大果榆
			家榆
23	桑科	桑属	桑
			蒙桑
			山桑
		葎草属	葎草
		大麻属	野大麻

续表

序号	科名	属名	种数
24	荨麻科	荨麻属	麻叶荨麻
			狭叶荨麻
		冷水花属	透茎冷水花
		蝎子草属	蝎子草
		墙草属	小花墙草
25	檀香科	百蕊草属	百蕊草
			长梗百蕊草
			长叶百蕊草
			急折百蕊草
			短苞百蕊草
26	桑寄生科	槲寄生属	槲寄生
27	蓼科	大黄属	华北大黄
			波叶大黄
		酸模属	酸模
			东北酸模
			毛脉酸模
			皱叶酸模
			锐齿酸模
			长刺酸模
			巴天酸模
		木蓼属	东北木蓼

续表

序号	科名	属名	种数
27	蓼科	木蓼属	沙木蓼
		蓼属	萹蓄
			两栖蓼
			荭草
			桃叶蓼
			柳叶蓼
			酸模叶蓼
			水蓼
			朝鲜蓼
			西伯利亚蓼
			细叶蓼
			叉分蓼
			高山蓼
			珠芽蓼
			拳蓼
			耳叶蓼
			穿叶蓼
			箭叶蓼
			长戟叶蓼
			卷茎蓼
			兴安蓼

续表

序号	科名	属名	种数
27	蓼科	蓼属	狐尾蓼
		荞麦属	苦荞麦
28	藜科	猪毛菜属	猪毛菜
			刺沙蓬
		地肤属	地肤
			碱地肤
		滨藜属	滨藜
		碱蓬属	角果碱蓬
		沙蓬属	沙蓬
		轴藜属	轴藜
			杂配轴藜
		藜属	刺藜
			尖头叶藜
			菱叶藜
			杂配藜
			藜
		虫实属	兴安虫实
			长穗虫实
		雾冰藜属	雾冰藜
29	苋科	苋属	反枝苋
30	马齿苋科	马齿苋属	马齿苋

续表

序号	科名	属名	种数
31	石竹科	蚤缀属	毛梗蚤缀
			灯芯草蚤缀
			光轴蚤缀
		种阜草属	种阜草
		繁缕属	垂梗繁缕
			繁缕
			雀舌草
			叉歧繁缕
			银柴胡
			兴安繁缕
			细叶繁缕
			长叶繁缕
			鸭绿繁缕
			沼繁缕
		卷耳属	腺毛簇生卷耳
			细叶卷耳
		高山漆姑草属	高山漆姑草
		女娄菜属	光萼女娄菜
			女娄菜
			长冠女娄菜
			内蒙古女娄菜

续表

序号	科名	属名	种数
31	石竹科	女娄菜属	兴安女娄菜
		麦瓶草属	狗筋麦瓶草
			毛萼麦瓶草
			细叶毛萼麦瓶草
			旱麦瓶草
			小花旱麦瓶草
			禾叶麦瓶草
		丝石竹属	草原丝石竹
		石竹属	瞿麦
			簇茎石竹
			毛簇茎石竹
			石竹
			兴安石竹
			蒙古石竹
		王不留行属	王不留行
32	睡莲科	睡莲属	睡莲
33	金鱼藻科	金鱼藻属	金鱼藻
			五刺金鱼藻
			东北金鱼藻
34	毛茛科	驴蹄草属	白花驴蹄草
			薄叶驴蹄草

续表

序号	科名	属名	种数
34	毛茛科	驴蹄草属	三角叶驴蹄草
			驴蹄草
		金莲花属	金莲花
			短瓣金莲花
		升麻属	兴安升麻
			单穗升麻
		耧斗菜属	耧斗菜
		蓝堇草属	蓝堇菜
		唐松草属	翼果唐松草
			球果唐松草
			瓣蕊唐松草
			卷叶唐松草
			香唐松草
			展枝唐松草
			箭头唐松草
			短梗箭头唐松草
			欧亚唐松草
		银莲花属	二歧银莲花
			大花银莲花
			长毛银莲花
		白头翁属	白头翁

续表

序号	科名	属名	种数
34	毛茛科	白头翁属	掌叶白头翁
			白花掌叶白头翁
			蒙古白头翁
			兴安白头翁
			朝鲜白头翁
			细叶白头翁
		水毛茛属	硬叶水毛茛
			毛柄水毛茛
		水葫芦苗属	水葫芦苗
			黄戴戴
		毛茛属	美丽毛茛
			单叶毛茛
			石龙芮
			披针毛茛
			小掌叶毛茛
			浮毛茛
			沼地毛茛
			楔叶毛茛
			大叶毛茛
			毛茛
			匍枝毛茛

续表

序号	科名	属名	种数
34	毛茛科	毛茛属	重瓣匐枝毛茛
			回回蒜
			长嘴毛茛
		铁线莲属	棉团铁线莲
			短尾铁线莲
			西伯利亚铁线莲
			半钟铁线莲
			长瓣铁线莲
			褐毛铁线莲
			芹叶铁线莲
			宽芹叶铁线莲
		翠雀花属	东北高翠雀花
			翠雀
		乌头属	紫花高乌头
			五叉沟乌头
			草乌头
			兴安乌头
			华北乌头
			白狼乌头
			细叶乌头
			西伯利亚乌头

续表

序号	科名	属名	种数
34	毛茛科	芍药属	芍药
35	小檗科	小檗属	刺叶小檗
			黄芦木
36	防己科	蝙蝠葛属	蝙蝠葛
37	木兰科	五味子属	五味子
38	罂粟科	白屈菜属	白屈菜
		罂粟属	野罂粟
		紫堇属	北紫堇
			狭裂球果紫堇
39	十字花科	菘蓝属	菘蓝
		葶菜属	山芥叶葶菜
			球果葶菜
			风花葶菜
		遏蓝菜属	遏蓝菜
			山遏蓝菜
		独行菜属	宽叶独行菜
			独行菜
		葶苈属	光果葶苈
			锥果葶苈
		庭荠属	北方庭荠
			星毛庭荠

续表

序号	科名	属名	种数
39	十字花科	荠属	荠
		燥原荠属	薄叶燥原荠
		山芥属	山芥
		大蒜芥属	钻果大蒜芥
		花旗竿属	花旗竿
			小花花旗竿
		碎米荠属	小花碎米荠
			细叶碎米荠
			水田碎米荠
			伏水碎米荠
			白花碎米荠
			草甸碎米荠
		异蕊芥属	异蕊芥
		香芥属	香芥
		裂叶芥属	裂叶芥
		播娘蒿属	播娘蒿
		糖芥属	小花糖芥
		曙南芥属	曙南芥
		南芥属	粉绿垂果南芥
			硬毛南芥
40	景天科	瓦松属	瓦松

续表

序号	科名	属名	种数
40	景天科	瓦松属	狼爪瓦松
			钝叶瓦松
			黄花瓦松
		八宝属	华北八宝
			白八宝
			紫八宝
		红景天属	小丛红景天
		景天属	费菜
			狭叶费菜
			勘察加景天
			乳毛费菜
41	虎耳草科	扯根菜属	扯根菜
		梅花草属	梅花草
		唢呐草属	唢呐草
		虎耳草属	点头虎耳草
			球茎虎耳草
		金腰属	互叶金腰
		茶藨属	水葡萄茶藨
			楔叶茶藨
			小叶茶藨
			糖茶藨

续表

序号	科名	属名	种数
41	虎耳草科	茶藨属	英吉利茶藨
			紫花茶藨
			兴安茶藨
42	蔷薇科	假升麻属	假升麻
		绣线菊属	柳叶绣线菊
			耧斗叶绣线菊
			绣球绣线菊
			土庄绣线菊
			美丽绣线菊
			欧亚绣线菊
		珍珠梅属	珍珠梅
		栒子属	全缘栒子
			黑果栒子
		山楂属	山楂
			辽宁山楂
			光叶山楂
			毛山楂
		花楸属	花楸树
		苹果属	山荆子
		蔷薇属	山刺玫
		龙牙草属	龙牙草

续表

序号	科名	属名	种数
42	蔷薇科	地榆属	地榆
		蚊子草属	蚊子草
			细叶蚊子草
		悬钩子属	北悬钩子
			石生悬钩子
			库页悬钩子
		水杨梅属	水杨梅
		草莓属	东方草梅
		委陵菜属	金露梅
			银露梅
			匍枝委陵菜
			三出委陵菜
			鹅绒委陵菜
			二裂委陵菜
			高二裂委陵菜
			铺地委陵菜
			石生委陵菜
			莓叶委陵菜
			腺毛委陵菜
			菊叶委陵菜
			翻白草

续表

序号	科名	属名	种数
42	蔷薇科	委陵菜属	轮叶委陵菜
			多裂委陵菜
			大萼委陵菜
			委陵菜
			绢毛委陵菜
			掌叶多裂委陵菜
		沼委陵菜属	沼委陵菜
		地蔷薇属	地蔷薇
			毛地蔷薇
		李属	稠李
			西伯利亚杏
			欧李
43	豆科	槐属	苦参
		黄华属	披针叶黄花
		扁蓿豆属	扁蓿豆
		苜蓿属	紫花苜蓿
			天蓝苜蓿
			黄花苜蓿
		草木樨属	白花草木樨
			细齿草木樨
		车轴草属	野火球

续表

<table>
<tr><th>序号</th><th>科名</th><th>属名</th><th>种数</th></tr>
<tr><td rowspan="23">43</td><td rowspan="23">豆科</td><td>苦马豆属</td><td>苦马豆</td></tr>
<tr><td>锦鸡儿属</td><td>小叶锦鸡儿</td></tr>
<tr><td rowspan="2">米口袋属</td><td>少花米口袋</td></tr>
<tr><td>狭叶米口袋</td></tr>
<tr><td rowspan="2">甘草属</td><td>甘草</td></tr>
<tr><td>刺果甘草</td></tr>
<tr><td rowspan="12">黄芪属</td><td>华黄芪</td></tr>
<tr><td>草原黄芪</td></tr>
<tr><td>黄芪</td></tr>
<tr><td>草木樨状黄芪</td></tr>
<tr><td>细叶黄芪</td></tr>
<tr><td>扁茎黄芪</td></tr>
<tr><td>达乌里黄芪</td></tr>
<tr><td>湿地黄芪</td></tr>
<tr><td>斜茎黄芪</td></tr>
<tr><td>糙叶黄芪</td></tr>
<tr><td>白花黄芪</td></tr>
<tr><td>皱黄芪</td></tr>
<tr><td rowspan="3">棘豆属</td><td>多叶棘豆</td></tr>
<tr><td>硬毛棘豆</td></tr>
<tr><td>薄叶棘豆</td></tr>
</table>

续表

序号	科名	属名	种数
43	豆科	棘豆属	大花棘豆
			东北棘豆
			线棘豆
			二色棘豆
		岩黄芪属	山竹岩黄芪
			山岩黄芪
			华北岩黄芪
		胡枝子属	胡枝子
			达乌里胡枝子
			尖叶胡枝子
		鸡眼草属	长萼鸡眼草
		野豌豆属	多茎野豌豆
			大叶野豌豆
			山野豌豆
			广布野豌豆
			灰野豌豆
			东方野豌豆
			索伦野豌豆
			北野豌豆
			柳叶野豌豆
			歪头菜

续表

序号	科名	属名	种数
43	豆科	野豌豆属	狭叶山野豌豆
		山黧豆属	矮山黧豆
			山黧豆
			毛山黧豆
		大豆属	野大豆
44	牻牛儿苗科	牻牛儿苗属	牻牛儿苗
		老鹳草属	毛蕊老鹳草
			草原老鹳草
			突节老鹳草
			大花老鹳草
			灰背老鹳草
			兴安老鹳草
			鼠掌老鹳草
			粗根老鹳草
45	亚麻科	亚麻属	野亚麻
			宿根亚麻
46	蒺藜科	白刺属	小果白刺
		蒺藜属	蒺藜
47	芸香科	黄檗属	黄檗
		拟芸香属	北芸香
		白鲜属	白鲜

续表

序号	科名	属名	种数
48	远志科	远志属	远志
			卵叶远志
49	大戟科	一叶萩属	一叶萩
		地构叶属	地构叶
		大戟属	乳浆大戟
			狼毒大戟
			地锦
50	水马齿科	水马齿属	线叶水马齿
			沼生水马齿
51	凤仙花科	凤仙花属	水金凤
52	鼠李科	鼠李属	锐齿鼠李
			小叶鼠李
			土默特鼠李
			乌苏里鼠李
53	葡萄科	葡萄属	山葡萄
		蛇葡萄属	乌头叶蛇葡萄
			掌裂草葡萄
54	椴树科	椴树属	蒙椴
			紫椴
55	锦葵科	木槿属	野西瓜苗
		锦葵属	野葵

续表

序号	科名	属名	种数
55	锦葵科	苘麻属	苘麻
56	金丝桃科	金丝桃属	长柱金丝桃
			短柱金丝桃
			乌腺金丝桃
57	沟繁缕科	沟繁缕属	沟繁缕
58	堇菜科	堇菜属	双花堇菜
			奇异堇菜
			库页堇菜
			鸡腿堇菜
			掌叶堇菜
			裂叶堇菜
			球果堇菜
			兴安堇菜
			东北堇菜
			紫花地丁
			斑叶堇菜
			绿斑叶堇菜
			深山堇菜
			早开堇菜
			白花堇菜
			蒙古堇菜

续表

序号	科名	属名	种数
59	瑞香科	草瑞香属	草瑞香
		狼毒属	狼毒
60	胡颓子科	沙棘属	中国沙棘
61	千屈菜科	千屈菜属	千屈菜
62	菱科	菱属	格菱
			冠菱
			东北菱
			耳菱
63	柳叶菜科	露珠草属	高山露珠草
			深山露珠草
			水珠草
		柳叶菜属	柳兰
			沼生柳叶菜
			多枝柳叶菜
			细籽柳叶菜
		丁香蓼属	柳叶状丁香蓼
64	小二仙草科	狐尾藻属	狐尾藻
			轮叶狐尾藻
65	杉叶藻科	杉叶藻属	杉叶藻
66	伞形科	迷果芹属	迷果芹
		羌活属	宽叶羌活

续表

序号	科名	属名	种数
66	伞形科	柴胡属	黑柴胡
			兴安柴胡
			红柴胡
			锥叶柴胡
		毒芹属	毒芹
		葛缕子属	葛缕子
			田葛缕子
		茴芹属	羊洪膻
		羊角芹属	东北羊角芹
		泽芹属	泽芹
		岩风属	香芹
			密花岩风
		水芹属	水芹
		蛇床属	兴安蛇床
			碱蛇床
			蛇床
		山芹属	绿花山芹
			山芹
		当归属	兴安白芷
			狭叶当归
		柳叶芹属	柳叶芹

续表

序号	科名	属名	种数
66	伞形科	胀果芹属	毛序胀果芹
		前胡属	石防风
		防风属	防风
		峨参属	峨参
		棱子芹属	棱子芹
		藁本属	岩茴香
		阿魏属	沙茴香
		独活属	短毛独活
67	山茱萸科	梾木属	红瑞木
68	鹿蹄草科	鹿蹄草属	鹿蹄草
			红花鹿蹄草
			绿花鹿蹄草
		单侧花属	钝叶单侧花
		松下兰属	松丁兰
69	杜鹃花科	杜香属	狭叶杜香
		杜鹃花属	照山白
			兴安杜鹃
		越橘属	越橘
70	报春花科	报春花属	粉报春
			箭报春
			天山报春

续表

序号	科名	属名	种数
70	报春花科	报春花属	翠南报春
			段报春
		点地梅属	点地梅
			东北点地梅
			北点地梅
			长叶点地梅
		假报春属	假报春
		海乳草属	海乳草
		珍珠菜属	黄莲花
			狼尾花
			球尾花
		七瓣莲属	七瓣莲
71	白花丹科	补血草属	二色补血草
72	木樨科	白蜡树属	花曲柳
73	龙胆科	百金花属	百金花
		龙胆属	鳞叶龙胆
			假水生龙胆
			达乌里龙胆
			秦艽
			龙胆
			三花龙胆

续表

序号	科名	属名	种数
73	龙胆科	龙胆属	条叶龙胆
		扁蕾属	扁蕾
			中国扁蕾
		肋柱花属	小花肋柱花
		獐牙菜属	北方獐牙菜
			瘤毛獐牙菜
		花锚属	花锚
		睡菜属	睡菜
		莕菜属	莕菜
74	夹竹桃科	罗布麻属	罗布麻
75	萝藦科	鹅绒藤属	合掌消
			紫花合掌消
			白薇
			徐长卿
			紫花杯冠藤
			地梢瓜
			鹅绒藤
			白首乌
		萝藦属	萝藦
76	旋花科	打碗花属	打碗花
			宽叶打碗花

续表

序号	科名	属名	种数
76	旋花科	打碗花属	藤长苗
			毛打碗花
		旋花属	田旋花
			银灰旋花
		鱼黄草属	囊毛鱼黄草
		菟丝子属	日本菟丝子
			菟丝子
			大菟丝子
			单柱菟丝子
77	花荵科	花荵属	中华花荵
78	紫草科	砂引草属	砂引草
		紫筒草属	紫筒草
		琉璃草属	大果琉璃草
		鹤虱属	卵盘鹤虱
		齿缘草属	东北齿缘草
			灰白齿缘草
			反枝假鹤虱
		斑种草属	狭苞斑种草
		附地菜属	朝鲜附地菜
		勿忘草属	勿忘草
			湿地勿忘草
			草原勿忘草

续表

序号	科名	属名	种数
79	唇形科	水棘针属	水棘针
		黄芩属	黄芩
			粘毛黄芩
			纤弱黄芩
			并头黄芩
			塔头黄芩
		夏至草属	夏至草
		裂叶荆芥属	多裂叶荆芥
		青兰属	香青兰
			光萼青兰
			白花枝子花
		糙苏属	串铃草
			尖齿糙苏
			块根糙苏
			糙苏
		野芝麻属	短柄野芝麻
		益母草属	益母草
			细叶益母草
			兴安益母草
		风轮菜属	风车草
		百里香属	亚洲百里香

续表

序号	科名	属名	种数
79	唇形科	薄荷属	薄荷
			兴安薄荷
		地笋属	地笋
		香薷属	香薷
		水苏属	毛水苏
		香茶菜属	蓝萼香茶菜
80	茄科	枸杞属	枸杞
		天仙子属	天仙子
		茄属	龙葵
			青杞
		曼陀罗属	曼陀罗
81	玄参科	玄参属	岩玄参
		石龙尾属	北方石龙尾
		母草属	陌上菜
		通泉草属	弹刀子菜
		水茫草属	水茫草
		柳穿鱼属	柳穿鱼
		腹水草属	草本威灵仙
			管花腹水草

续表

序号	科名	属名	种数
81	玄参科	婆婆纳属	细叶婆婆纳
			水蔓青
			大婆婆纳
			兔儿尾苗
			北水苦荬
			水苦荬
			白婆婆纳
		山萝花属	山萝花
		松蒿属	松蒿
		小米草属	小米草
			东北小米草
			长腺小米草
		脐草属	脐草
		疗齿草属	疗齿草
		马先蒿属	旌节马先蒿
			毛旌节马先蒿
			红色马先蒿
			红纹马先蒿
			返顾马先蒿
			穗花马先蒿
			轮叶马先蒿

续表

序号	科名	属名	种数
81	玄参科	阴行草属	阴行草
		芯芭属	达乌里芯芭
82	紫葳科	角蒿属	角蒿
83	胡麻科	茶菱属	茶菱
84	列当科	列当属	列当
			黄花列当
			黑水列当
			弯管列当
85	狸藻科	狸藻属	狸藻
			小狸藻
86	车前科	车前属	北车前
			平车前
			湿车前
			大车前
			车前
87	茜草科	拉拉藤属	北方拉拉藤
			硬毛拉拉藤
			蓬子菜
			密花山猪殃殃
			猪殃殃
			东京猪殃殃
		茜草属	茜草

续表

序号	科名	属名	种数
88	忍冬科	北极花属	北极花
		忍冬属	黄芩忍冬
		荚蒾属	鸡树条荚蒾
			蒙古荚蒾
		接骨木属	毛接骨木
			接骨木
			钩齿接骨木
			朝鲜接骨木
			宽叶接骨木
			东北接骨木
89	五福花科	五福花属	五福花
90	败酱科	败酱属	黄花龙牙
			岩败酱
			糙叶败酱
			西伯利亚败酱
		缬草属	毛节缬草
91	川续断科	蓝盆花属	窄叶蓝盆花
			华北蓝盆花
92	葫芦科	盒子草属	盒子草
		赤瓟属	赤瓟
		裂瓜属	裂瓜

续表

序号	科名	属名	种数
93	桔梗科	桔梗属	桔梗
		风铃草属	聚花风铃草
		沙参属	展枝沙参
			长白沙参
			兴安沙参
			狭叶长白沙参
			荠苨
			狭叶沙参
			柳叶沙参
			小花沙参
			多歧沙参
			扫帚沙参
			锯齿沙参
			轮叶沙参
			长柱沙参
			锡林沙参
94	菊科	泽兰属	林泽兰
		一枝黄花属	兴安一枝黄花
		狗娃花属	阿尔泰狗娃花
			多叶阿尔泰狗娃花

续表

序号	科名	属名	种数
94	菊科	狗娃花属	鞑靼狗娃花
		女菀属	女菀
		紫菀属	高山紫菀
			紫菀
		莎菀属	莎菀
		飞蓬属	飞蓬
		马兰属	全叶马兰
			裂叶马兰
			北方马兰
		乳菀属	兴安乳菀
		碱菀属	碱菀
		东风菜属	东风菜
		火绒草属	长叶火绒草
			团球火绒草
			火绒草
		旋覆花属	柳叶旋覆花
			欧亚旋覆花
			旋覆花
			蓼子朴
		苍耳属	苍耳

续表

序号	科名	属名	种数
94	菊科	鬼针草属	狼杷草
			小花鬼针草
		蓍属	齿叶蓍
			短瓣蓍
			蓍
		菊属	紫花野菊
			楔叶菊
		三肋果属	三肋果
		线叶菊属	线叶菊
		蒿属	大籽蒿
			碱蒿
			冷蒿
			白莲蒿
			灰莲蒿
			裂叶蒿
			黄花蒿
			山蒿
			黑蒿
			宽叶山蒿
			艾
			野艾蒿

续表

序号	科名	属名	种数
94	菊科	蒿属	柳叶蒿
			线叶蒿
			蒙古蒿
			白叶蒿
			蒌蒿
			红足蒿
			阴地蒿
			龙蒿
			差不嘎蒿
			褐沙蒿
			光沙蒿
			柔毛蒿
			猪毛蒿
			巴尔古津蒿
			滨海牡蒿
			南牡蒿
			东北牡蒿
			漠蒿
		栉叶蒿属	栉叶蒿
		兔儿伞属	兔儿伞

续表

序号	科名	属名	种数
94	菊科	蟹甲草属	山尖子
		狗舌草属	狗舌草
			尖齿狗舌草
			红轮狗舌草
		千里光属	林阴千里光
			琥珀千里光
			额河千里光
		橐吾属	全缘橐吾
			箭叶橐吾
			橐吾
			蹄叶橐吾
			黑龙江橐吾
		蓝刺头属	砂蓝刺头
			驴欺口
			褐毛蓝刺头
		苍术属	苍术
		风毛菊属	紫苞风毛菊
			碱地风毛菊
			美花风毛菊
			草地风毛菊
			京风毛菊

续表

序号	科名	属名	种数
94	菊科	风毛菊属	折苞风毛菊
			篦苞风毛菊
			齿苞风毛菊
			密花风毛菊
			龙江风毛菊
			羽叶风毛菊
		牛蒡属	牛蒡
		蝟菊属	鳍蓟
		蓟属	莲座蓟
			烟管蓟
			绒背蓟
			刺儿菜
			大刺儿菜
		飞廉属	飞廉
		麻花头属	分枝麻花头
			多头麻花头
			麻花头
			伪泥胡菜
		山牛蒡属	山牛蒡
		漏芦属	漏芦
		大丁草属	大丁草

续表

序号	科名	属名	种数
94	菊科	猫儿菊属	猫儿菊
		鸦葱属	笔管草
			毛梗鸦葱
			丝叶鸦葱
			东北鸦葱
			鸦葱
		毛连菜属	毛连菜
		蒲公英属	红梗蒲公英
			蒲公英
			兴安蒲公英
			华蒲公英
			长春蒲公英
			亚洲蒲公英
			东北蒲公英
		苦苣菜属	苣荬菜
		山莴苣属	山莴苣
		乳苣属	乳苣
		还阳参属	屋根草
		黄鹌菜属	碱黄鹌菜
			细叶黄鹌菜
		苦荬菜属	山苦荬

续表

序号	科名	属名	种数
94	菊科	苦荬菜属	狭叶山苦荬
			苦荬菜
			抱茎苦荬菜
		山柳菊属	全缘山柳菊
			山柳菊
95	香蒲科	香蒲属	宽叶香蒲
			东方香蒲
			小香蒲
			水烛
			拉氏香蒲
96	黑三棱科	黑三棱属	黑三棱
			小黑三棱
			线叶黑三棱
97	眼子菜科	眼子菜属	竹叶眼子菜
			眼子菜
			兴安眼子菜
98	茨藻科	茨藻属	小茨藻
			纤细茨藻
99	水麦冬科	水麦冬属	海韭菜
			水麦冬
100	泽泻科	泽泻属	泽泻

续表

序号	科名	属名	种数
100	泽泻科	泽泻属	草泽泻
		慈姑属	浮叶慈姑
			野慈姑
101	花蔺科	花蔺属	花蔺
102	禾本科	菰属	菰
		芦苇属	热河芦苇
			芦苇
		三芒草属	三芒草
		臭草属	大臭草
		甜茅属	狭叶甜茅
			水甜茅
		羊茅属	蒙古羊茅
			羊茅
			达乌里羊茅
		银穗草属	银穗草
		早熟禾属	散穗早熟禾
			草地早熟禾
			细叶早熟禾
			密花早熟禾
			西伯利亚早熟禾
			林地早熟禾

续表

序号	科名	属名	种数
102	禾本科	早熟禾属	细长早熟禾
			假泽早熟禾
			蒙古早熟禾
			堇色早熟禾
			多叶早熟禾
			少叶早熟禾
			硬质早熟禾
			渐狭早熟禾
			额尔古纳早熟禾
			早熟禾
			泽地早熟禾
		碱茅属	星星草
			碱茅
			大药碱茅
		雀麦属	无芒雀麦
			缘毛雀麦
			耐酸草
		鹅观草属	鹅观草
			毛节毛盘草
			河北鹅观草
			毛节缘毛草

续表

序号	科名	属名	种数
102	禾本科	鹅观草属	毛杆鹅观草
			纤毛鹅观草
			直穗鹅观草
			百花山鹅观草
		冰草属	冰草
			根茎冰草
			沙生冰草
			沙芦草
		披碱草属	老芒麦
			垂穗披碱草
			披碱草
			肥披碱草
			麦瓶草
			圆柱披碱草
		赖草属	羊草
			赖草
		溚草属	溚草
		异燕麦属	异燕麦
		燕麦属	野燕麦
		发草属	发草
			小穗发草

续表

序号	科名	属名	种数
102	禾本科	茅香属	茅香
			光稃茅香
		虉草属	虉草
		梯牧草属	假梯牧草
		看麦娘属	短穗看麦娘
			大看麦娘
			苇状看麦娘
			看麦娘
			长芒看麦娘
		拂子茅属	大拂子茅
			拂子茅
			假苇拂子茅
		野青茅属	兴安野青茅
			野青茅
			忽略野青茅
			大叶章
		剪股颖属	巨序剪股颖
			歧序剪股颖
			细弱剪股颖
			西伯利亚剪股颖
			华北剪股颖

续表

序号	科名	属名	种数
102	禾本科	剪股颖属	芒剪股颖
		罔草属	罔草
		针茅属	长芒草
			大针茅
			贝加尔针茅
			克氏针茅
		芨芨草属	芨芨草
			朝阳芨芨草
			京芒草
			毛颖芨芨草
			羽茅
			远东芨芨草
		冠芒草属	冠芒草
		画眉草属	画眉草
			小画眉草
		隐子草属	糙隐子草
			丛生隐子草
			包鞘隐子草
			中华隐子草
			多叶隐子草
			北京隐子草

续表

序号	科名	属名	种数
102	禾本科	草沙蚕属	中华草沙蚕
		虎尾草属	虎尾草
		锋芒草属	锋芒草
		野古草属	毛杆野古草
		稗属	稗
			长芒稗
			旱稗
		野黍属	野黍
		马唐属	止血马唐
			升马唐
		狗尾草属	狗尾草
			紫穗狗尾草
			断穗狗尾草
			金色狗尾草
		狼尾草属	白草
		芒属	荻
		白茅属	白茅
		大油芒属	大油芒
		牛鞭草属	牛鞭草
		荩草属	荩草

续表

序号	科名	属名	种数
103	莎草科	藨草属	荆三棱
			单穗藨草
			东方藨草
			三江藨草
			剑苞藨草
			藨草
			水葱
			吉林藨草
			矮藨草
		羊胡子草属	红毛羊胡子草
			羊胡子草
			细杆羊胡子草
		扁穗草属	内蒙古扁穗草
		荸荠属	羽毛荸荠
			牛毛毡
			乳头基荸荠
			槽秆荸荠
			中间型荸荠
		莎草属	头穗莎草
			毛笠莎草
			密穗莎草

续表

序号	科名	属名	种数
103	莎草科	莎草属	球穗莎草
		水莎草属	水莎草
			花穗水莎草
		扁莎属	槽鳞扁莎
			球穗扁莎
		嵩草属	嵩草
		苔草属	北苔草
			针苔草
			圆锥苔草
			翼果苔草
			尖嘴苔草
			假尖嘴苔草
			漂筏苔草
			疣囊苔草
			狭叶疣囊苔草
			二柱苔草
			寸草苔
			砾苔草
			走茎苔草
			无脉苔草
			二籽苔草

续表

序号	科名	属名	种数
103	莎草科	苔草属	狭囊苔草
			白山苔草
			细花苔草
			柄苔草
			灰株苔草
			大穗苔草
			膜囊苔草
			叉齿苔草
			粗脉苔草
			长秆苔草
			毛苔草
			野笠苔草
			黑水苔草
			锥囊苔草
			直穗苔草
			湿苔草
			麻根苔草
			细毛苔草
			细形苔草
			镰苔草
			脚苔草

续表

序号	科名	属名	种数
103	莎草科	苔草属	楔囊苔草
			肋脉苔草
			凸脉苔草
			少花凸脉苔草
			早春苔草
			兴安羊胡子苔草
			矮丛苔草
			绿囊苔草
			小苞叶苔草
			截嘴苔草
			轴苔草
			米柱苔草
			球穗苔草
			兴安苔草
			黄囊苔草
			紫鳞苔草
			疏苔草
			沼苔草
			乌拉草
			灰脉苔草
			小囊灰脉苔草

续表

序号	科名	属名	种数
103	莎草科	苔草属	丛苔草
			膜囊苔草
			匍枝苔草
104	天南星科	菖蒲属	菖蒲
105	浮萍科	浮萍属	浮萍
106	谷精草科	谷精草属	宽叶谷精草
107	鸭跖草科	竹叶子属	竹叶子
		鸭跖草属	鸭跖草
		水竹叶属	疣草
108	雨久花科	雨久花属	雨久花
			鸭舌草
109	灯芯草科	地杨梅属	火红地杨梅
			多花地杨梅
		灯芯草属	小灯芯草
			细灯芯草
			洮南灯芯草
			栗花灯芯草
			尖被灯芯草
			针灯芯草
			乳头灯芯草
110	百合科	藜芦属	藜芦

续表

序号	科名	属名	种数
110	百合科	藜芦属	毛穗藜芦
			兴安藜芦
		知母属	知母
		萱草属	小黄花菜
			黄花菜
		百合属	有斑百合
			毛百合
			山丹
			条叶百合
		绵枣儿属	绵枣
		葱属	白头韭
			野韭
			碱韭
			蒙古韭
			砂韭
			细叶韭
			矮韭
			糙葶韭
			山韭
			黄花葱
			硬皮葱

续表

<table>
<tr><th>序号</th><th>科名</th><th>属名</th><th>种数</th></tr>
<tr><td rowspan="13">110</td><td rowspan="13">百合科</td><td rowspan="2">葱属</td><td>球序韭</td></tr>
<tr><td>长梗韭</td></tr>
<tr><td>铃兰属</td><td>铃兰</td></tr>
<tr><td>舞鹤草属</td><td>舞鹤草</td></tr>
<tr><td rowspan="5">黄精属</td><td>小玉竹</td></tr>
<tr><td>玉竹</td></tr>
<tr><td>狭叶黄精</td></tr>
<tr><td>轮叶黄精</td></tr>
<tr><td>黄精</td></tr>
<tr><td rowspan="3">天门冬属</td><td>龙须菜</td></tr>
<tr><td>兴安天门冬</td></tr>
<tr><td>南玉带</td></tr>
<tr><td>111</td><td>薯蓣科</td><td>薯蓣属</td><td>穿龙薯蓣</td></tr>
<tr><td rowspan="8">112</td><td rowspan="8">鸢尾科</td><td rowspan="8">鸢尾属</td><td>射干鸢尾</td></tr>
<tr><td>细叶鸢尾</td></tr>
<tr><td>囊花鸢尾</td></tr>
<tr><td>粗根鸢尾</td></tr>
<tr><td>紫苞鸢尾</td></tr>
<tr><td>单花鸢尾</td></tr>
<tr><td>马蔺</td></tr>
<tr><td>溪荪</td></tr>
</table>

续表

序号	科名	属名	种数
113	兰科	杓兰属	斑花杓兰
			大花杓兰
		舌唇兰属	密花舌唇兰
			二叶舌唇兰
		蜻蜓兰属	蜻蜓兰
		角盘兰属	角盘兰
		兜被兰属	二叶兜被兰
		手参属	手掌参
		玉凤花属	十字兰
		鸟巢兰属	尖唇鸟巢兰
		虎舌兰属	裂唇虎舌兰
		绶草属	绶草
		斑叶兰属	小斑叶兰
		沼兰属	沼兰
合计	113	452	1164

兴安盟草原野生植物从形态上分，有乔木 26 种，灌木 75 种，半灌木 13 种，草本植物 1038 种，藤本植物 12 种。从生活型来看，有水生植物 45 种，湿生植物 108 种，湿中生植物 88 种，中生植物 626 种，旱生植物 106 种，旱中生植物 93 种，中旱生植物 87 种，盐生植物 2 种，寄生植物 9 种。

第二章　草原野生药用植物资源

内蒙古自治区位于中国北部边疆，由东北向西南斜伸，呈狭长形。土地总面积 118.3 万平方千米，占全国总面积的 12.3%，在全国各省、市、自治区中名列第三位。草原总面积为 88 万平方千米，占全国草原总面积的 22%，占自治区面积的 75%。东西跨度大，东西直线距离 1700 多千米，地形复杂，东低西高，平均海拔高度 1000 米左右，气候类型多样，造就了草原类型的多样性和物种的多样化。内蒙古拥有植物 144 科 737 属 2619 种。其中，中医药用野生植物有 130 科 453 属 1042 种；蒙医药用野生植物有 81 科 216 属 508 种；中医药和蒙医药共用野生植物有 81 科 199 属 474 种；中医药专属野生植物有 103 科 315 属 568 种；蒙医药专属野生植物有 15 科 24 属 34 种。

第一节　兴安盟草原野生药用植物

兴安盟地处内蒙古的东北部，东北与黑龙江省相连，东南与吉林省毗邻，南部、西部、北部分别与通辽市、锡林郭勒盟和呼伦贝尔市相连，西北部与蒙古国接壤，边境线长 126 千米。南北长 380 千米，东西宽 320 千米，总面积近 6 万平方千米。兴安盟地形多变，地貌多样，造就了植物种类的多样性。草原野生药用植物共 95 科，占兴安盟草原野生植物科数的 84.07%；草原野生药用植物共 277 属，占兴安盟草原野生植物属数的 58.07%；草原野生药用植物种类 474 种，占兴安盟草原野生植物种类的 40.72%。

兴安盟草原野生药用植物在各科属中的分布很不均匀，主要集中在菊科、毛茛科、豆科、蔷薇科、蓼科、禾本科、唇形科、玄参科、伞形科、石竹科、龙胆科、十字花科、藜科、百合科及报春花科 15 科，其所含的药用植物数量占药用植物总数的 61.60%。具体比例如下图（图 2-1）。

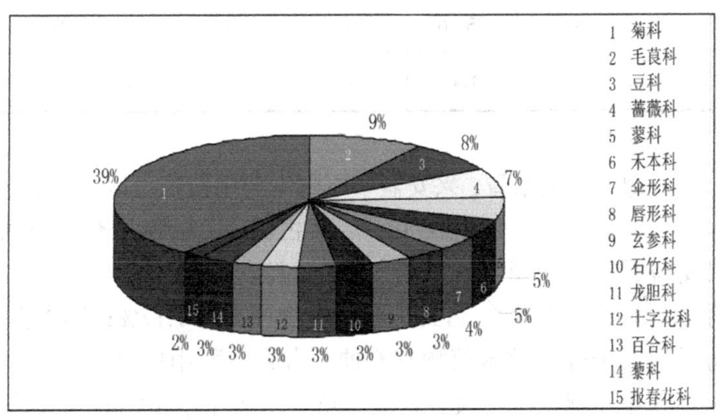

图 2-1 兴安盟草原野生药用植物所占比例图

从植物学角度说，在兴安盟草原野生药用植物中有蕨类植物 11 科 11 属 19 种，分别占兴安盟草原野生药用植物科、属、种数的 11.58%、3.97% 和 4.01%；有裸子植物 3 科 4 属 5 种，分别占兴安盟草原野生药用植物科、属、种数的 3.16%、1.44% 和 1.05%；有被子植物 81 科 262 属 450 种，分别占兴安盟草原野生药用植物科、属、种数的 85.26%、94.59% 和 94.94%。可见，兴安盟草原野生药用植物主要以被子植物为主。从其科属分布情况来看，有 40 种以上药用植物的科只有菊科，达到 44 种；有 31~40 种药用植物的科有毛茛科和豆科；有 21~30 种药用植物的科有蔷薇科和蓼科；有 11~20 种药用植物的科有 8 个，有 5~10 种药用植物的科有 11 个，有 3~4 种药用植物的科有 18 个，有 2 种药用植物的科有 19 个，有 1 种药用植物的科有 34 个。

表 2-1　兴安盟草原野生药用植物统计表

植物类群	科数	百分比（%）	属数	百分比（%）	种数	百分比（%）
蕨类植物	11	11.58	11	3.97	19	4.01
裸子植物	3	3.16	4	1.44	5	1.05
被子植物	81	85.26	262	94.59	450	94.94
合计	95	100	277	100	474	100

从植物生活型来看，兴安盟草原野生药用植物可以分为乔木、灌木、草本等形态。如油松、白桦、蒙古栎、山杨等乔木有 26 种，占兴安盟野生药用植物种类的 5.49%；榛、蒙桑、刺叶小檗、蝙蝠葛等灌木类有 34 种，占野生药用植物种类的 7.17%；槲寄生、达乌里胡枝子等半灌木植物有 6 种，占野生药用植物的 1.27%；大麻、麻叶荨麻、波叶大黄、灯芯草蚤缀等草本植物有 402 种，占野生药用植物种类的 84.81%；菟丝子等寄生植物 4 种，占野生药用植物种类的 0.84%；山葡萄、萝藦等藤本植物 2 种，占野生药用植物的 0.42%。从各种形态药用植物的统计中看出，草原野生药用植物主要以草本植物为主，灌木类植物次之。

表 2-2　兴安盟草原野生药用植物生活型统计表

	乔木	灌木	半灌木	草本植物	寄生植物	藤本植物
种数	26	34	6	402	4	2
百分比（%）	5.49	7.17	1.27	84.81	0.84	0.42

从植物生态型来看，兴安盟草原野生药用植物生活型非常丰富，含水生、湿生、中生、旱生、旱中生、湿中生、中旱生、盐

生等多种类型，其中以中生为主。兴安盟草原野生药用植物中中生植物有 274 种，占野生药用植物种类的 57.82%；其次是旱中生植物，共有 56 种，占野生药用植物的 11.81%；旱生居第三位，有 44 种，占野生药用植物的 9.28%；中旱生植物有 39 种，占野生药用植物的 8.23%；湿生植物有 23 种，占野生药用植物的 4.85%；湿中生植物有 22 种，占野生药用植物总数的 4.64%；水生植物有 14 种，占野生药用植物总数的 2.95%；盐生植物尚未发现，只有碱蓬、角果碱蓬两种耐盐碱植物，占野生药用植物的 0.42%。

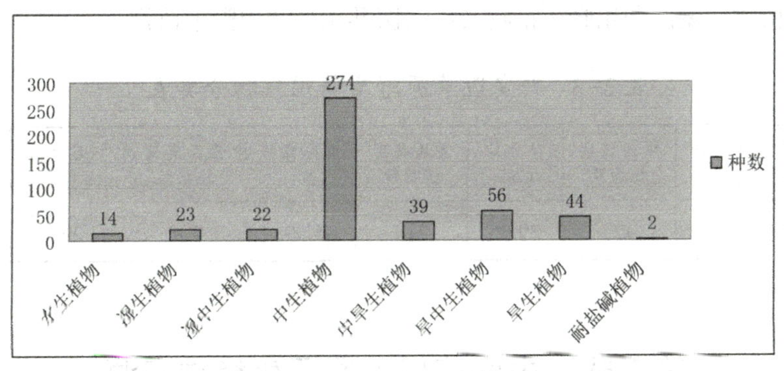

图 2-2　兴安盟草原野生药用植物生态型统计图

按照入药植物器官（部位）来分，兴安盟草原野生药用植物有全株、根、茎、叶、花、果实、皮等多种部位入药。植物以全部植物个体入药的有 236 种，是草原野生药用植物种类的 51.19%；以植物根、块根或鳞茎、根茎形式入药的有 147 种，占草原野生药用植物种类的 31.89%；以茎（枝、干）的形式入药的植物有 70 种，是草原野生药用植物种类的 15.18%；叶子入药的植物有 43 种，占草原野生药用植物种类的 9.33%；以花或花粉的形式入药的植物有 62 种，占草原野生药用植物种类的 13.45%；以果实或种子的形式入药的植物有 94 种，占草原野生药用植物的 20.39%；以皮（或树皮、枝皮、果皮等）形式入药的植物有 9 种，占草原野生药用植物种类的 1.95%。有的植物是以一种形态入药，有的是以多种形态入药。如苦荞麦、灯芯草蚤缀、银柴胡、棉团铁线莲、狼毒等植物只有根入药；毒芹、猪毛蒿、二裂叶委陵菜、白花碎米荠等只有茎入药；越橘、罗布麻、艾、南牡蒿等植物以叶子入药；漏芦、欧亚旋覆花等以花的形态入药；榛、大麻、酸模叶蓼、山楂等以果实或种子入药；山杨、榆、山刺玫等植物以枝干皮入药；如多叶棘豆、硬毛棘豆、狭叶山野豌豆、薄荷、青杞等以地上部分入药；如小米草、达乌里芯芭、接骨木等以全株形式入药。

草原野生药用植物从医学角度来分，可以分为中医药用野生植物、蒙医药用野生植物及中蒙医共用的药用野生植物。

表 2–3 兴安盟草原野生药用植物分类表

药用植物总数	中医药用植物数	百分比（%）	蒙医药用植物数	百分比（%）	中蒙医交叉用植物数	百分比（%）
474	425	89.66	218	45.99	138	29.11

第二节 中医药用草原野生植物资源

中医药是指在现代中医药理论的指导下，认识、研制、使用的各种剂型的药物，包括传统中医药及其衍生物。中医药种类也随着社会和文化的发展在不断增加，不仅包括国内外植物药、动物药、矿物药，也有经人工加工形成的炮制加工品，更有靠化学制药方法得到的一些化学单体和混合物。其中，植物类中医药所占比例最大，占中医药资源种类的 80% 以上。目前，全国已有 98.5% 的社区卫生服务中心、97% 的乡镇卫生院、87.2% 的社区卫生服务站、69% 的村卫生室能够提供中医药服务，县以下基层中医药事业发展迅速。中医类医疗卫生机构总数达 60738 个，全国中医类医疗机构床位 123.4 万张；中医药卫生人员总数达 71.5 万人，年诊疗人次约 10.7 亿。2020 年初，在抗击新型冠状病毒肺炎疫情的战斗中，中西医发挥所长，协同救治。习近平总书记强调，坚持中西医并重，组织优势医疗力量，在降低感染率和病亡率上拿出更多有效治疗方案。2020 年 2 月 13 日召开的中央应对新型冠状病毒肺炎疫情工作领导小组会议要求：强化中西医结合，促进中医药深度介入诊疗全过程，及时推广有效方药和中成药。

一、中医药用野生植物资源

兴安盟中医药用草原野生植物有 92 科 258 属 425 种。其中，蕨类植物有 9 科 9 属 9 种，被子植物有 83 科 249 属 416 种。中医药用专属野生植物 259 种，隶属于 72 科 173 属。主要分布在菊科、毛茛科、豆科、蔷薇科、蓼科、禾本科、伞形科、唇形科、石竹科、十字花科、玄参科、百合科、龙胆科、藜科和萝藦科 15 个科，这 15 个科包含药用植物 259 种，占中医药用野生植物的 60.94%；而其他 77 个科所包含的药用植物为 166 种，占中医药用野生植物的 39.06%。

表 2-4　中医药用野生植物科属分布情况统计表

科名	属数	植物种数	百分比（%）
菊科	26	41	9.65
毛茛科	13	33	7.76
豆科	15	31	7.29
蔷薇科	12	23	5.41
蓼科	4	17	4.00
禾本科	13	16	3.76
伞形科	13	15	3.53
唇形科	11	13	3.06
石竹科	7	13	3.06

续表

科名	属数	植物种数	百分比（%）
十字花科	8	11	2.59
玄参科	8	11	2.59
百合科	6	11	2.59
龙胆科	5	10	2.35
藜科	3	7	1.65
萝藦科	2	7	1.65
小计	146	259	60.94
其他科	112	166	39.06
合计	258	425	100

从植物生活型来看，中医药用野生植物中有山楂、花楸树、黄檗等乔木 13 种，占中医药用野生植物种类的 3.06%；小果白刺、一叶萩、小叶鼠李、沙棘等灌木 29 种，占中医药用野生植物种类的 6.82%；亚洲百里香、山（岩）蒿、罗布麻、苘麻等半灌木 5 种，占中医药用野生植物种类的 1.18%；长柱金丝桃、紫花地丁、狼毒、草木樨状黄芪等草本植物 369 种，占中医药用野生植物种类的 86.82%；萝藦、乌头叶蛇葡萄、五味子、芹叶铁线莲等藤本植物 8 种，占中医药用野生植物种类的 1.88%。

从药用植物生态型来看，有睡菜、香蒲、水烛、菰等水生植物 14 种，占中医药用野生植物种类的 3.29%；黑三棱、芦苇、稗、荻、荩草等湿生植物 22 种，占中医药用野生植物种类的 5.18%；鸭跖草、蒌蒿、薄荷、地笋等湿中生植物 20 种，占中医药用野生植物种类的 4.71%；藜芦、黄花菜、玉竹、马蔺、黄精等中生植物 241 种，占中医药用野生植物种类的 56.71%；紫筒草、亚洲百里香、银灰旋花、二色补血草等旱生植物 39 种，占中医药用野生植物种类的 9.18%；金色狗尾草、栉叶草、苍术、笔管草等旱中生植物46种，占中医药用野生植物种类的10.82%；知母、大油芒、南牡蒿、大丁草等中旱生植物37种，占中医药用野生植物种类的8.71%；槲寄生、菟丝子等寄生植物5种，占中医药用野生植物种类的1.18%。

中医药用植物按照入药器官（部位）来看，有以植物整株（或称全株）形式入药的，如狭叶米口袋、多叶棘豆、达乌里胡枝子、野亚麻等217种植物；有以植物的根（或鳞茎、根茎）入药的，如甘草、黄芪、翻白草、瓦松、草甸碎米荠等123种植物；有以植物根茎入药的，如龙牙草、透茎冷水花、拳蓼、荚果蕨等34种植物；有以植物的茎入药的，如麻黄、山桑、杂配藜、石竹、兴安升麻等45种；有以植物的叶入药的，如繁缕、蒙古石竹、草乌头、菘蓝等40种植物；有以植物的花入药的，如山刺玫、银露梅、小叶锦鸡儿、狭叶山野豌豆等44种植；有以植物的果实或颖果入药的，如刺果甘草、蒺藜、蛇床等53种植物；有以植物的种子或果核入药的，如细叶鸢尾、盒子草、天仙子等44种植物；还有以植物的皮入药的，如花楸树、黄芦木、榆等9种植物。

二、中医药专属野生植物资源

草原野生药用植物中除有部分植物的药用价值与中医药共享外，还有一部分专属于中医药的野生植物。而中医药用专属野生植物在兴安盟有68科164属250种。其中，蕨类野生药用植物6科6属7种，被子植物62科158属243种。主要集中在菊科、豆科、蔷薇科、毛茛科等（含有中医药用专属野生植物10种以上的科）7个科中，共113种，占中医药专属野生植物种类的45.2%；含有中医药专属野生药用植物5（含5种）~9种的科有6个，共有中医药专属野生植物36种，占中医药专属野生植物种类的14.4%；含有中医药专属野生药用植物1~4种的科有55个，共有中医药专属野生植物101种，占中医药专属野生植物种类的40.4%。

中医药专属植物的生活型分为乔木、灌木、半灌木、草本植物和藤本植物等。乔木有 8 种，占中医药专属野生植物种类的 3.2%；灌木类有 13 种，占中医药专属野生植物种类的 5.2%；半灌木类有 4 种，占中医药专属野生植物种类的 1.6%；草本植物类有 221 种，占中医药专属野生植物种类的 88.4%；藤本植物有 4 种，占中医药专属野生植物种类的 1.6%。

表 2–5　中医药专属野生植物生活型统计表

生态型	乔木	灌木	半灌木	草本植物	藤本植物
数量	8	13	4	221	4
百分比（%）	3.2	5.2	1.6	88.4	1.6

按照其生态型不同分为水生植物、湿生植物、湿中生植物、中生植物、旱生植物、旱中生植物、中旱生植物等。中医药专属野生植物中水生植物有 13 种，占中医药专属野生植物种类的 5.2%；湿生植物有 13 种，占中医药专属野生植物种类的 5.2%；湿中生植物有 15 种，占中医药专属野生植物种类的 6.0%；中生植物有 139 种，占中医药专属野生植物种类的 55.6%；旱生植物有 23 种，占中医药专属野生植物种类的 9.2%；旱中生植物有 26 种，占中医药专属野生植物种类的 10.4%；中旱生植物有 21 种，占中医药专属野生植物种类的 8.4%。

中医药专属植物入药器官不同，有的是某个部位入药，也有的是几个不同的部位均入药。如狗筋麦瓶草、三角叶驴蹄草等植物都是以整株植物（或称全株）形式入药。全株入中医药用植物有 146 种，占中医药专属植物种类的 58.4%；以根、根茎、鳞茎等形式入药的植物有 68 种，占中医药专属植物种类的 27.2%；以茎或根状茎入药的植物有 39 种，占中医药专属植物种类的 15.6%；以叶片入药的植物有 25 种，占中医药专属植物种类的 10.0%；以花或花粉入药的植物有 28 种，占中医药专属植物种类的 11.2%；以果实或籽实、颖果入药的植物有 38 种，占中医药专属植物种类的 15.2%；以树皮、枝干皮等入药的植物有 9 种，占中医药专属植物种类的 3.6%。

第三节　蒙医药用野生植物资源

蒙医药是产生于原住民的生活实践，并经过长期实践检验有别于现代西方医药学的一切医药实践活动。随着社会经济的发展，蒙医吸收了藏医、中医和古代印度医学的基础理论和医疗经验，发展形成了独具特色的医学理论体系，在蒙古族繁衍生息的过程中做出了巨大贡献。蒙医药是中国文化的绚烂瑰宝，也是少数民族医药万花丛中的一朵亮眼之花。现在内蒙古已形成了完整的民族医药体系，并为祖国北方各民族人民的健康生活提供着保障。中华人民共和国成立以来，在党和国家民族政策和卫生工作方针的指引下，蒙医药事业的发展得到了有关地区各级领导的高度重视与大力支持，使蒙医药无论是在机构建设还是学术研究等各方面都有了进一步的发展，特别是在内蒙古、青海、辽宁等蒙古族聚居、人口较多的地区或州、县，蒙医药为保障各族人民的身体健康起到了积极的作用。目前，内蒙古自治区已有蒙医医疗机构 47 所，其中旗(县)级以上蒙医医院 37 所、蒙医专科医院 1 所、蒙医门诊部 9 所，共有病床 2458 张。盟(市)级蒙医研究所 4 所，自治区级中蒙医研究所 1 所，市级中蒙医研究所 1 所，共附设蒙医病床 50 张。有蒙医、中医合署的中蒙医院 24 所，也设有一定数量的蒙医病床。自治区现有蒙医药人员 3972 人，其中蒙医人员 3214 人，蒙药人员 758 人。蒙医人员中有高级职称者 174 人，中级职称者 612 人；蒙药人员中具有高级职称者 17 人，中级职称者 53 人。蒙医药人员占全区卫生技术人员总数的 3.88%。

一、蒙医药用野生植物资源概况

兴安盟蒙医药用草原野生植物种类共 218 种，隶属于 62 科 129 属。其中，蕨类植物有 5 科 5 属 10 种；裸子植物有 3 科 3 属

5 种；被子植物有 54 科 121 属 203 种。主要分布在蓼科、毛茛科、豆科和菊科，这 4 个科所含蒙医药用野生植物 69 种，是蒙医药用野生植物总数的 32%；含蒙医药用野生植物 5 ~ 9 种的有 12 个科，共有蒙医药用野生植物 76 种，占蒙医药用野生植物总数的 35%；其余 46 个科所含蒙医药用野生植物种类为 73 种，占蒙医药用野生植物总数的 33%。

从草原野生药用植物生活型上看，乔木类 6 种，占蒙医药用草原野生植物种数的 2.75%；灌木类 18 种，占蒙医药用野生植物种数的 8.26%；半灌木类 1 种，占蒙医药用野生植物种数的 0.46%；草本植物类 188 种，占蒙医药用野生植物种数的 86.24%；藤本类植物 5 种，占蒙医药用草原野生植物种数的 2.29%。

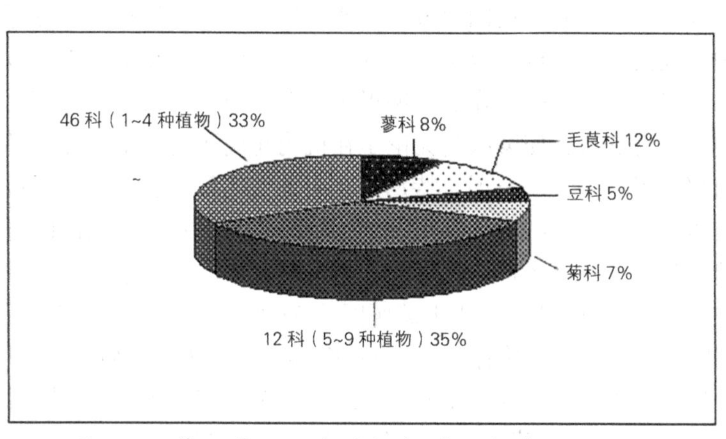

图 2–3 蒙医药用野生植物各科分布情况统计图

从药用植物的生态型看，水生植物有 1 种，占蒙医药用野生植物种数的 0.46%；湿生植物有 10 种，占蒙医药用野生植物种数的 4.59%；湿中生植物有 7 种，占蒙医药用野生植物种数的 3.21%；中生植物有 125 种，占蒙医药用野生植物种数的 57.34%；旱生植物有 22 种，占蒙医药用野生植物种数的 10.09%；旱中生植物有 29 种，占蒙医药用野生植物种数的 13.30%；中旱生植物有 19 种，8.72%；寄生植物有 5 种，占蒙医药用野生植物种数的 2.29%。

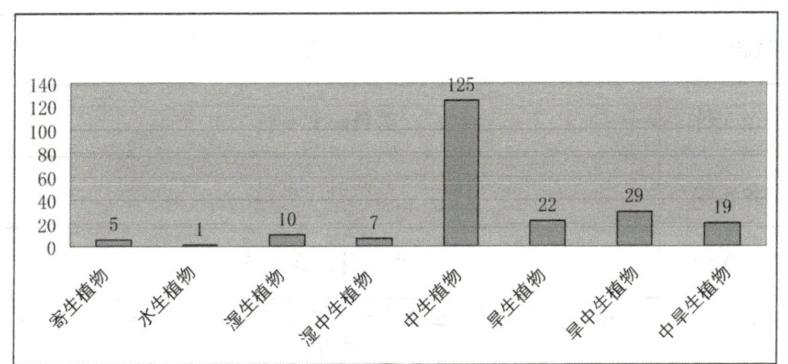

图 2-4　蒙医药用野生植物生态型统计图

不同的植物、不同的植物器官在不同的医药体系中具有不同的作用。在蒙医药体系中，具有药用功能的野生植物有 218 种，其中，全株入药的植物有 76 种，占蒙医药用野生植物种数的 34.86%；根或根系、块根、鳞茎等形式入药的植物有 51 种，占蒙医药用野生植物种数的 23.39%；以根茎形式入药的植物有 18 种，占蒙医药用野生植物种数的 8.26%；以茎、枝、嫩苗等形式入药的植物有 22 种，占蒙医药用野生植物种数的 10.09%；以叶、叶柄形式入药的植物有 16 种，占蒙医药用野生植物种数的 7.34%；以花或花粉形式入药的植物有 29 种，占蒙医药用野生植物种数的 13.30%；以果实、颖果等形式入药的植物有 27 种，占蒙医药用植物种数的 12.39%；以果皮入药的植物有 9 种，占蒙医药用植物种数的 4.13%；以树皮、枝皮等形式入药的植物有 4 种，占蒙医药用野生植物种数的 1.83%。

二、蒙医药专属特色植物资源

蒙医药用专属植物有 27 科 41 属 54 种。其中，蕨类植物 1 科（木贼科）1 属（木贼属）3 种，裸子植物 3 科 3 属 3 种，被子植物 23 科 37 属 48 种。

表 2-6 蒙医药用专属野生植物科分布统计表

植物种数	科名
含 5 种	菊科、玄参科
含 4 种	龙胆科、蓼科
含 3 种	木贼科、唇形科
含 2 种	毛茛科、景天科、杜鹃花科、报春花科、川续断科、禾本科、石竹科
含 1 种	松科、柏科、麻黄科、杨柳科、荨麻科、小檗科、罂粟科、十字花科、蔷薇科、豆科、胡颓子科、百合科、桑科、藜科

蒙医药用专属野生植物中乔木类有 2 种，占蒙医药用专属植物种类的 3.71%；灌木类有 6 种，占蒙医药用专属植物种类的 11.11%；草本植物类有 45 种，占蒙医药用专属植物种类的 83.33%；藤本植物类有 1 种，占蒙医药用专属植物种类的 1.85%。

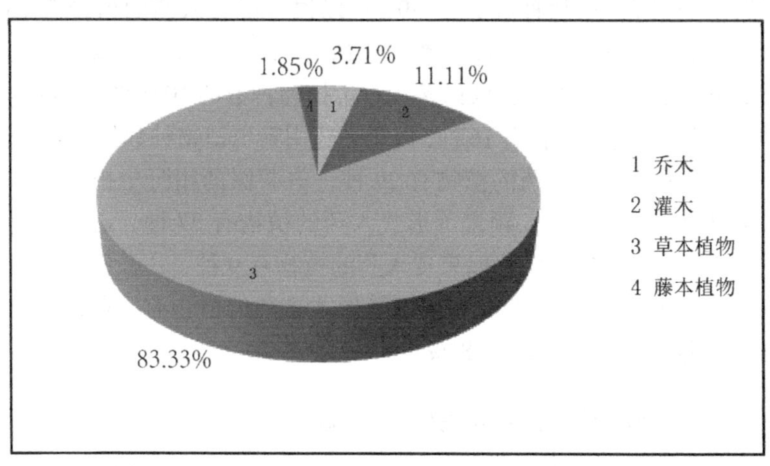

图 2-5 蒙医药用专属野生植物生活型统计图

从蒙医药用专属野生植物生态型看，中生植物有 33 种，占蒙医药用专属植物种类的 61.11%；旱生植物有 6 种，占蒙医药用专属植物种类的11.11%；旱中生植物有12种，占蒙医药用专属植物种类的22.22%；中旱生植物有3种，占蒙医药用专属植物种类的5.56%。

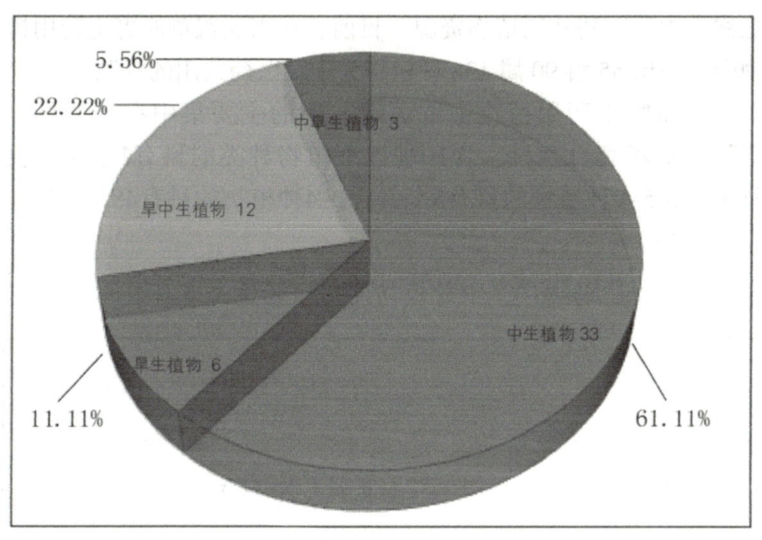

图 2-6 蒙医药用专属野生植物生态型统计图

按照植物体入药器官的不同分类，整株植物体参与制药的植物有25种，占蒙医药用专属植物种类的46.30%；根或根茎、根皮、鳞茎等形式入药的植物有12种，占蒙医药用专属植物种类的22.22%；茎、枝干等形式入药的植物有8种，占蒙医药用专属植物种类的14.81%；叶或叶柄等形式入药的植物有6种，占蒙医药用专属植物种类的11.11%；以花或花粉等形式入药的植物有8种，占蒙医药用专属植物种类的14.81%；果实（颖果等）入药的植物有7种，占蒙医药用专属植物种类的12.96%；茎皮、枝干皮等形式入药的植物有1种，占蒙医药用专属植物种类的1.85%。

第四节　中蒙医药共用的植物资源

草原野生药用植物中有一部分植物的药用价值具有多样性，既是蒙医药的重要资源，又是中医药的重要组成部分，这类植物统称为中蒙医药共用植物资源。目前，在兴安盟草原野生药用植物中梳理出 55 科 90 属 138 种植物为中蒙医药共用的资源。

草原野生药用植物中蒙医药共用的主要集中在毛茛科、蓼科、豆科和百合科。含10种以上植物种类的科有1个（毛茛科）、含5~9种植物的科有5个、含1~4种植物的科有48个（具体见表2–7）。

表 2–7　中蒙医药共用植物统计表

植物数量	科
10 种以上	毛茛科（22 种）
5~9 种	蓼科、豆科、菊科、百合科、石竹科
1~4 种	4 种：十字花科、蔷薇科、大戟科、唇形科 3 种：桑科、景天科、伞形科、玄参科、列当科 2 种：卷柏科、木贼科、麻黄科、荨麻科、蒺藜科、远志科、报春花科、旋花科、车前科、黑三棱科、兰科 1 种：中国蕨科、球子蕨科、水龙骨科、藜科、防己科、木兰科、罂粟科、虎耳草科、亚麻科、芸香科、凤仙花科、锦葵科、堇菜科、瑞香科、胡颓子科、杉叶藻科、龙胆科、紫草科、茄科、紫葳科、茜草科、忍冬科、败酱科、葫芦科、禾本科、天南星科、鸢尾科、兰科

中蒙医药共用植物按照植物生活型分类：乔木有 2 种、灌木有 12 种、半灌木有 1 种、草本植物有 120 种、藤本植物有 3 种（见图 2–7）。

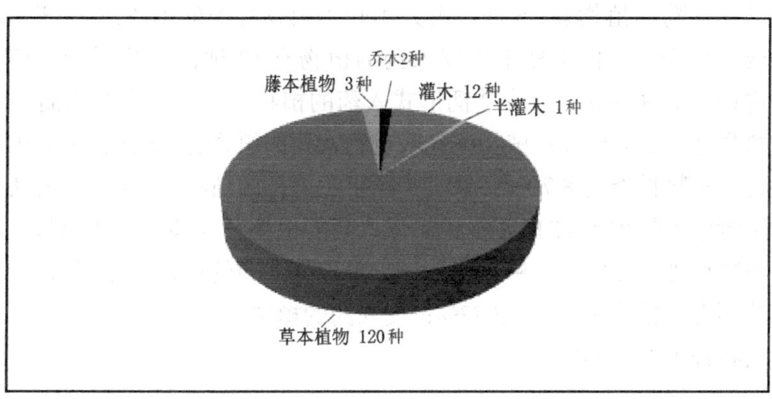

图 2–7　中蒙医药共用植物生活型统计图

中蒙医药共用的草原野生植物资源按照生态型分类：水生植物有 1 种，湿生植物有 8 种，湿中生植物有 6 种，中生植物有 74 种，旱生植物有 15 种，旱中生植物有 16 种，中旱生植物有 13 种，寄生植物有 5 种（见图 2–8）。

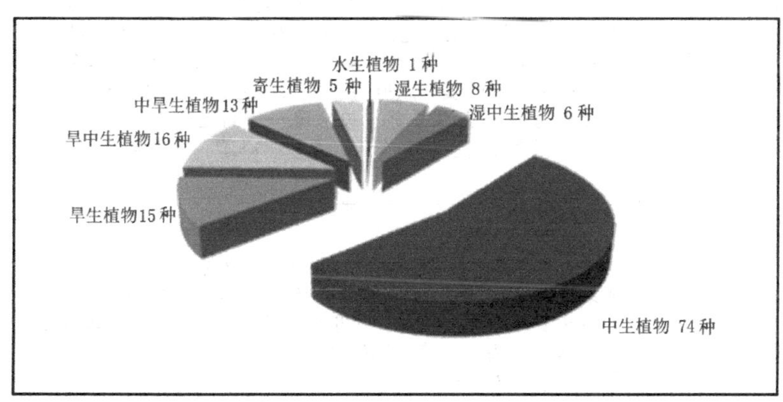

图 2–8　中蒙医药共用的植物生态型统计图

中蒙医药共用的野生植物有138种。其中，以全株入药的植物有48种，占共用野生植物种类的34.78%；根、块根、鳞茎等形式入药的植物有37种，占共用野生植物种类的26.81%；根茎形式入药的植物有15种，占共用野生植物种类的10.87%；茎、枝（枝干）、树（枝干）皮入药的植物有12种，占共用野生植物种类的8.70%；叶或叶柄形式入药的植物有9种，占共用野生植物种类的6.52%；植物体花或花粉入药的植物有12种，占共用野生植物种类的8.70%；果实（颖果）入药的植物有15种，占共用野生植物种类的10.87%；果皮入药的植物有4种，占共用野生植物种类的2.90%；种子、果核、果仁等入药的植物有19种，占共用野生植物种类的13.77%；皮入药的植物有2种，占共用野生植物种类的1.45%。

表2-8 中蒙医药共用野生植物入药器官统计表

器官	植物名称
全株	尖叶卷柏、卷柏、问荆、木贼、银粉背蕨、长柄石韦、麻叶荨麻、狭叶荨麻、水蓼、叉分蓼、藜、女娄菜、耧斗菜、展枝唐松草、箭头唐松草、石龙芮、毛茛、芹叶铁线莲、翠雀、白屈菜、瓦松、钝叶瓦松、黄花瓦松、梅花草、鹅绒委陵菜、草木樨、白花草木樨、细叶草木樨、乳浆大戟、地锦、水金凤、紫花地丁、杉叶藻、点地梅、东北点地梅、花锚、夏至草、细叶益母草、北水苦荬、苦水荬、达乌里芯芭、列当、黄花列当、弯管列当、平车前、车前、冷蒿、蒲公英（48种）
根 块根 鳞茎	波叶大黄、华北大黄、皱叶酸模、水蓼、叉分蓼、灯芯草蚤缀、翼果唐松草、瓣蕊唐松草、卷叶唐松草、欧亚唐松草、蒙古白头翁、细叶白头翁、棉团铁线莲、短尾铁线莲、草乌头、西伯利亚乌头、芍药、蝙蝠葛、苦参、甘草、黄芪、远志、卵叶远志、狼毒大戟、狼毒、兴安柴胡、红柴胡、黄芩、糙苏、茜草、毛节缬草、桔梗、轮叶沙参、黑三棱、小黑三棱、藜芦、毛穗藜芦（37种）

续表

器官	植物名称
根茎	荚果蕨、珠芽蓼、拳蓼、狐尾蓼、兴安柴胡、红柴胡、白草、藜芦、毛穗藜芦、山丹、小玉竹、玉竹、轮叶黄精、黄精、手掌参（15 种）
茎 枝 树皮	草麻黄、中麻黄、瞿麦、石竹、兴安石竹、蒙古石竹、兴安升麻、单穗升麻、短尾铁线莲、蝙蝠葛、毛节缬草、菖蒲（12 种）
叶	荚果蕨、水蓼、瞿麦、石竹、兴安石竹、蒙古石竹、草乌头、菘蓝、一叶萩（9 种）
花	瞿麦、石竹、兴安石竹、蒙古石竹、金莲花、短瓣金莲花、金露梅、银露梅、一叶萩、欧亚旋复花、驴欺口、马蔺（12 种）
果实	桑、山桑、瞿麦、石竹、兴安石竹、蒙古石竹、五味子、山刺玫、小果白刺、蒺藜、中国沙棘、蛇床、卵盘鹤虱、赤瓟、牛蒡（15 种）
果皮	瞿麦、石竹、兴安石竹、蒙古石竹（4 种）
种子 果核 果仁	大麻、瞿麦、石竹、兴安石竹、蒙古石竹、遏蓝菜、独行菜、播娘蒿、小叶锦鸡儿、野亚麻、苘麻、日本菟丝子、菟丝子、天仙子、角蒿、平车前、车前、细叶鸢尾、马蔺（19 种）
皮	黄檗、黄芦木（2 种）

入中医药及入蒙医药的植物器官，有的以相同的部位入不同的药，如瞿麦、石竹、兴安石竹、蒙古石竹等以地上部分入中医药，也入蒙医药；波叶大黄、华北大黄等的根既入中医药也作蒙医药用。

也有的植物以不同的器官入不同的医药，如藜以全株入中医药及蒙医药，但籽实只作中医药用；又如蒙古栎树皮在中医药中能清热、解毒、利湿，果实在蒙医药中有止泻、止血、祛黄水的功效。

大部分药用植物的同一部位在不同的药物中有相同功效，如卷柏、问荆等，在中医药和蒙医药中都有止血作用。

同一植物的不同器官在同一种类药物中作用不同，如胡桃楸的果皮可以治胃病，但枝皮或干皮有清热解毒、止痢、明目的功效。

部分药用植物的同一器官在不同的药物中发挥的作用不同，如皱叶酸模的根在中医药中主治鼻衄、功能性子宫出血、慢性肝炎、肛门周围炎等，在蒙医药中主治痧疾、丹毒、乳腺炎、腮腺炎、骨折等。

药用植物同一器官使用方式不同，其药效也不同，如尖叶卷柏生用能活血，炒用能止血。

第三章 野生药用植物资源的可持续利用

中医、蒙医医药均属天然药物，是我国民族医药的瑰宝，历史悠久，疗效确切，越来越受到世界各国的重视。目前，随着人民生活水平的提高和对回归大自然呼声的日益增长，人们对天然药物需求越来越强烈，加之目前大部分化学药物都具有一定的毒副作用，对人类的健康产生较大的潜在影响和威胁，而天然药物往往具有确切而稳定的疗效和保健功能，一般较少有毒副作用，为此，世界各国越来越多地认可并推崇天然药物。特别是在2020年初的抗击新型冠状病毒肺炎疫情的战斗中，中西医发挥所长，协同救治，将有力地推动中蒙医药及民族医药的发展。

第一节 野生药用植物资源的利用现状

天然植物作为自然资源的重要组成部分，储量是有限的，一旦过度利用，提取制造新药将陷入困境。面对天然植物资源储量的锐减，发达国家已经将种植作为保障原料供应的重要途径。其在进行药物资源保护的同时，积极进行引种试验，建立生产基地。为了保证产品的真实、优质、稳定、可控，规范种植管理的各个生产环节。1998年8月，欧洲共同体率先通过最终决议，颁布了《欧共体药用和芳香植物优化种植生产管理规范条例》，把它作为规范药用植物种植和初级加工的标准。在日本，厚生省成立了专门的药用植物栽培指导委员会，开始将现代农业栽培技术迅速移植到当归、黄连、厚朴、柴胡、川芎等药用植物种植之中，以植物细胞培养传统药材技术和基因工程技术作为生物技术的两个重要支撑点，掀起了药用植物的栽培热潮。

药用植物是中医、蒙医医药产业的基础，为了实现药用植物资源的可持续利用，国家药品监督管理局已经颁布实施《药用植物资源生产质量管理规范（试行）》，在药用植物资源产地生态环境、种植与繁殖材料、野生、栽培与养殖管理、采收与初加工、包装运输与贮藏、质量管理、生产管理人员和设备、文件管理等方面都进行了规范。药用植物资源重点品种种植逐步实现集约化生产、规范化种植，能够生产出品质优良、有效成分含量基本稳定、无污染的绿色药材，实现中医、蒙医药质量标准化。

药用植物资源是中医、蒙医医药发展的基础，西药不可能完全替代中医药，中医药和西药仍将长期并存。中蒙医药在一些方面显示出的强大优势，使得其在世界上被越来越多的人接受。几千年来，我国的药用植物资源在传统的中医、蒙医理论的指导下，得到了最大限度的开发，但长期以来，药用植物资源主要以野生采集、手工加工为主，还没有形成一个完整的产业。至今为止，仍然有80%以上的药用植物资源依赖野生采集，这种竭泽而渔的方式越来越不适应当今社会日益增长的需求，同时也破坏了药用植物资源的可持续发展。这就急需人们对野生药用植物资源进行保护性开发，同时，加大人工栽培的力度和加强相应的科学研究。

从 20 世纪 50 年代开始，中成药以其便于携带、储存和规模化生产的优点得到重视，中药治疗逐渐演变为规范化治疗。至 20 世纪 90 年代，中药行业追求中药现代化，中成药已经占据中药的鳌头，汤剂使用量萎缩至不同中药类型占比的 15%，中成药的规模化生产也推动药材转向人工规模种植。近年来，随着国家对“大健康”产业建设的支持和人们对个体化治疗的渴望愈加强烈，汤剂的使用量和对药材质量的要求也会提高。

药用植物资源在传统中医、蒙医医药方面的利用，主要分为以下几种途径。

一是按照传统的炮制方法加工成饮片，按照大夫的处方，煎煮使用。

二是在中蒙医药厂加工成中蒙成药，供患者使用。

三是提取有效成分，加工成中医、蒙医医药。随着西药理论的引进和植物化学的发展，近百年来，世界各国对我国药用植物资源进行了较为系统的化学成分分析，提取和明确了大量有效功能性成分，为药用植物在医药行业的深入应用和其他行业如天然、日化、保健、食品等开拓了新的途径。目前，随着世界对天然产物兴趣的回归，药用植物提取物形成了一个巨大产业，而我国因丰富的药用植物资源成为世界的原料基地，我国已经成为世界上最大的药用植物提取物出口国。

四是提取有效成分，作为西药的原料药。用途的广泛使得国内外市场对药用植物资源的需求激增，这也导致了我国部分特产药用植物资源的迅速枯竭。

五是药用植物资源作为其他用途使用。药用植物资源除了药用外，还可以兼作他用，有的甚至超过了自身的药用价值，如胡卢巴、花椒、月桂、生姜等辛香药食用同源植物资源在调味品和香精香料、食品添加剂等多种行业的应用和效益已经超过了药用本身，因此也形成了新兴的特种农业产业。

截至 2017 年 6 月底，我国医药行业规模以上企业数量达到 7581 家；内蒙古自治区有 12 家中医、蒙医药厂和 1 所国家蒙药制剂中心。年产蒙药 31280 斤，提供各种制剂和蒙成药 350 种。

我国内蒙古 2015 年中药材种植面积约 336.4 万公顷，中药材产量约 363.8 万吨，市场交易量超过 161.44 万吨。

兴安盟每年采集收购蒙古黄芪、防风、桔梗、柴胡、甘草、麻黄、赤芍、黄精等各种野生中医、蒙医药材约 2 万吨，向国内外各大中医、蒙医医药制造企业提供原料。

乌兰浩特中蒙制药有限公司现在生产中医、蒙医成药散剂、片剂、胶囊剂、颗粒剂、丸剂、浸膏剂等 6 个剂型 148 个品种（蒙成药 86 个，中成药 62 个），其中非处方药品有 55 种，国家基本医保药品有38种，具备年产中医、蒙医成药500吨的生产能力。蒙成药“扎冲十三味丸”“红花清肝十三味丸”“巴特日七味丸”“珍宝丸”被评为内蒙古自治区优质产品，“清热八味散”经北京302医院药效鉴定有明显增强人体免疫能力的作用，“六味安消散”是国家中医药保护品种。

兴安盟中医、蒙医药用植物主要以野生植物为主，人工栽培面积甚微，药用植物资源种植基地3333.3万公顷左右，远远不能满足国内外中医、蒙医药企业的需求。

第二节　药用植物资源面临的形势

药用植物资源是中医、蒙医药产业发展的基础。“药材好，药才好”。没有充足的优质药材，不可能生产出优质中医、蒙医药。近20年来，随着“回归自然”世界潮流的兴起，包括中医、蒙医药在内的天然药物越来越多地受到国家和人们的普遍关注，从而导致国际天然植物药市场规模快速壮大。面对快速壮大的植物药市场，世界各国纷纷将新药研究开发的重点转向包括中医、蒙医医药在内的天然药物。从天然植物中开发新药，已经成为21世纪开发和投资的热点。

一、药用植物资源面临的挑战与机遇

国际、国内市场对天然药物需求量的日益增加，不仅为我国中医、蒙医药产业的发展提供了前所未有的战略机遇，也对药用植物资源和生态环境带来了巨大的压力。长期以来，我国的药用植物资源开发，绝大部分仍然停留在野生资源的直接利用上，出口的绝大部分以原药材为主，开发层次低，经济效益不高。长期过度采挖和无序开发，不仅大面积毁坏植被，致使生态环境日益恶化，而且破坏了生物资源之间的互惠发展规律，导致一些物种濒危，药用植物资源生物多样性受到严重破坏，中医、蒙医药的可持续发展遇到前所未有的挑战。

药用植物种质资源作为自然资源的一个重要组成部分，其储量是有限的。“随着生物经济时代的到来，中医、蒙医药种质资源已经成为生物工程及生物制药的基础和治理生态灾难的战略性资源，其战略地位愈加显要。”按照国家相关要求，为加大药用植物资源保护力度，除在药用植物资源的天然分布地区建立药用植物资源规范化种植基地外，还通过封山育林等措施，不断改善生态环境，努力营造药用植物资源生长发育的微环境，促进药用植物资源的修复、再生，逐步形成半野生生存状态的资源群落，将生产品质优良、有效成分基本稳定、无污染的绿色药材，作为今后药用植物资源开发利用的发展方向。

二、药用植物资源开发利用中存在的主要问题

（一）开发不合理，利用率低，资源破坏比较严重

野生药用植物资源开发利用历史悠久，但过去思想观念陈旧，开发视野狭窄，没有把广大的药用植物资源分布区作为生产基地，也没有把各种药用植物资源都作为研究、保护和开发的对象，而仅是把眼光盯在个别植物的利用上。就采挖的形式而论，至今仍为掠夺式开发，且开发利用的品种较少，大多数药材资源尚未得到有效利用，处于自生自灭状态。据不完全统计，兴安盟地区收购的药用植物资源主要是桔梗、黄芪、龙胆、党参、黄芩、板蓝根、柴胡、甘草等，利用率不足6%。近几年来政府虽出台了一些保护政策和措施，但是当地对野生药用植物不科学的、毁灭性的滥采滥挖现象仍然存在。为求近利，只讲利用和索取，不讲保护和培养，造成林、草地退化，环境恶化，分布量剧减，生态失衡并难以在短期内恢复和更新，部分品种遭到严重破坏甚至濒临灭绝，这些都将给今后的开发利用带来很大困难。

目前，我国建立的中药质量标准和质量控制体系还不完善，缺乏一系列完整的能被国际公认的质量标准和质量控制体系。同时又由于缺乏明确的有效成分含量的检测方法，导致出现重金属含量、农药残留量、有毒物质含量严重超标以及包装材料质量不

佳等问题，使得我国中药产品的安全性和有效性难以得到国际市场的认可，因此我国中医药材主要满足国内市场需求，国际市场占有率很低。

（二）资源开发利用科技含量低，经营管理缺乏科学性

我国中药科技开发和技术创新能力较弱，传统剂型仍占很大比例，新剂型应用相对较少，能够形成规模效益的单个科技含量较高的新品种很少，单个品种和同类品种低水平重复现象普遍，这些都严重阻碍了我国中药产品走向国际市场的进程。

其一，就药用植物资源开发利用而言，由于创新意识不强，医药工业结构不合理，总体水平比较低；产业结构还处在较低层次，产品结构单一、不合理；存在着卖原料多，初加工产品多，低档产品多，而中高档产品、高科技产品和深、精加工、功能化的产品少，目前还没有形成自己的名牌和拳头产品，产品科技含量低。

其二，当地由于缺乏药用植物资源研究和种植管理方面的专业技术人员，且对药用植物资源研究、野生药材人工驯化、种植研究的投入严重不足，导致药用植物资源开发技术含量低，新技术、新成果得不到及时应用，群众种植的积极性不高，就目前人工种植的少数药用植物资源而言，也是品种单调、数量少。

其三，在开发利用植物资源的过程中只顾眼前利益，违背科学规律。在失去综合平衡的前提下各自竞相向大自然索取最高最佳的经济效益而盲目开发；经营管理不科学，没有形成全面开发和多种经营的思想，因此失去综合管理效益，从而导致在开发利用上缺乏长远打算。

（三）资源的综合利用深加工不够，集约化程度很低

植物向人类提供各种商品，植物资源的科学利用应当是全方位研究，多层次利用，发挥其综合功能。但是，我国在开发利用植物资源的过程中，往往只注意一个层次，表现在产业结构和产品结构上的单打一，这是多年来造成植物资源浪费的一个重要原因。比如，一种植物含有多种化学成分或植物不同部位具有不同

用途，综合利用可以大大提高经济效益，但是往往人们只利用其中的一两种，这就造成资源的浪费。我国近年来推行资源的综合利用，永续利用、提高经济效益是重中之重。

在药用植物资源的开发利用工程中要提倡建立集约化的经营体系，加速药用植物资源的基地建设。兴安盟地区还没有形成种植、管理、加工、产销的整体专业化生产，当务之急要因地制宜建立集约化经营体系，加速药用植物资源的基地建设，扩大野生药用植物资源的种植面积，变野生为家生。

（四）资源开发利用过程中政府相关部门协调不力

当地野生动植物的行政主管部门是经济和信息化局以及林业局，药用植物资源生产经营和使用主管部门有当地发改委、食品药品监督管理局、中蒙医药管理局、卫生局等多个部门。由于保护管理部门与生产经营部门的相互矛盾和协调不力，缺乏有效的沟通和信息交流，不能较好地形成保护管理与经营使用的统一机制，从而造成了国家颁布的野生动植物保护法律、法规及地方规章制度在实际实施中难以贯彻执行。这也造成野生动植物资源不能得到有效的保护与利用。

第三节　药用植物资源保护

兴安盟地区可利用的野生药用植物资源十分丰富，前景可观，这本应是造福当地农民的一大宝藏，但由于该地区的自然资源与自然环境的附合性非常强，因此，粗放的、掠夺式的资源利用就会造成环境破坏与资源枯竭。近年的采挖利用中，许多种类已濒临灭绝，所以要实现可持续发展，必须要保护野生药用植物资源。

一、完善政策机制，健全法律法规，依法加强保护

建立多部门协调机制，推动将“一带一路”中医药建设纳入国家外交、卫生、科技、文化、贸易等发展战略中，制定扶持政策，实施优惠措施，为中医药与“一带一路”沿线国家合作提供

强有力的政策保障。推动将中医药合作纳入与沿线国家多、双边合作机制，加强与沿线国家在传统医药、中医药相关法律法规、政策措施等领域信息交流，加大政府间磋商力度，推动沿线国家放宽对中医药服务及产品的准入限制。进一步完善相关法律法规，加强执法队伍建设和执法力度，依法保护野生药用植物资源。

二、在保护野生植物资源的基础上，维持最高产量

植物资源是可再生资源，能借助于植物自身的生长和繁殖而不断得到更新，但更新的能力是有限的，并且需要一定的时间。当外界干扰超过其再生能力和更新周期，则资源储量下降，甚至被破坏，这就要求我们必须在保护野生植物资源再生能力的前提下适当开发利用。其标准是资源开发利用的速度与资源增长的速度相一致，以维持资源的长期有效性，保持生态平衡。

三、药用植物资源保护与生态环境建设同步

按照坚持山水林田湖草一体化保护和修复，坚持治山、治水、治气、治城一体推进的要求，坚持将中医、蒙医药材资源保护、修复和再生与生态建设、环境保护有机地结合起来，统一部署，统筹规划，宜林则林，宜草则草，宜药则药。保护生物多样性，维护生态平衡，建立自然资源之间的生物互惠循环机制，实现人与自然和谐相处。正确处理资源开发与环境保护的关系，坚持在保护中开发，在开发中保护。经济发展必须遵循自然规律，近期与长远统一、局部与全局兼顾。进行资源开发活动必须充分考虑生态环境承载能力，绝不允许以牺牲生态环境为代价换取眼前的和局部的经济利益。

在野生药用植物资源的开发利用中应该注意对资源的综合开发利用，特别是对那些“一物多用”的资源，如既有药用价值又有工业价值；既含有制药成分又含有食品添加剂、化妆品、保健品等主要成分等，企业之间应该相互合作、综合开发利用，避免资源浪费，形成多种产品优势，以最小的资源消耗，获取最大的

经济效益。实行“节约优先，结构多元，环境友好”的可持续发展战略，搞多种植物资源的连同开发利用。

四、生态效益、社会效益与经济效益相统一

坚持资源保护区建设与优势中医、蒙医药材产业带建设相结合，从保护区建设入手，把野生中蒙医药材资源保护、林药间作和规范化种植有机结合，逐步增加天然药材的蕴藏量，保障中医、蒙医药资源的可持续利用和产业的可持续发展，把中蒙医药材种植与加工培育作为退耕还林、还草的后续产业，在取得良好生态效益、社会效益的同时，提高中医、蒙医药产业开发的经济效益，带动区域经济发展。

五、科技创新与跨越式发展

积极普及推广先进的栽培技术和生物技术，依靠科技创新，促进道地中蒙医药材资源修复与再生，不断提高保护性繁殖能力以及林药间作、退耕地中蒙医药材规范化种植水平，把中医、蒙医药产业发展转到以科技进步求发展的轨道上来，实现传统种植向科学化种植的跨越。

第四节　野生药用植物资源可持续利用

一、摸清底数，为开发利用与保护提供依据

兴安盟地区野生药用植物资源经过长时间的无序采挖，资源结构已发生了一些变化。为了科学地开发利用与保护野生药用植物资源，必须对它的数量与质量进行综合调查与研究，建立监测系统，查清其底数，了解产区分布、生长环境、资源蕴藏量、收购量和社会需求量，逐步建立野生药用植物资源的数据库和信息库。对一些市场需求大、价格高而又濒临灭绝的野生品种，首先应当以保护为主，严禁采挖，恢复野生资源量，还要采用先进的

植物组织培养快繁技术，大量繁殖种苗，进行大面积人工栽培。把中医药材资源保护纳入整个生态保护规划，结合生态环境建设，逐步恢复重建有利于野生药用植物修复再生的生态环境。

二、建立药用植物资源库，积极开展人工栽培

随着药用植物的利用程度日益提高和采集量的增加，必然会出现原料储量不能满足生产需求的局面，甚至可能因采集过量而造成对资源的严重破坏。建议有关部门加大投入，广泛收集道地中蒙医药材种植种质资源，建立药用植物资源圃和种质基因库，进行保护性繁殖，有效保护野生中医、蒙医药材种质和遗传资源。对一些经济价值较大、储量较小、繁育能力不强的物种，应采取集约经营的方式进行人工培育。推进野生品种的驯化和良种的引进，将市场需求大的道地药材培育成为适宜家栽家种的品种。

三、加强法治建设，依法保护野生药用植物资源

法治建设是植物保护的最基本、最有效的手段之一。只有健全法制，才能使保护工作有法可依，并对破坏资源者实行有效监督和法律制裁。近年来，国家先后颁布了《中华人民共和国森林法》《中华人民共和国环境保护法》《中华人民共和国草原法》《中华人民共和国自然保护区条例》等。在完善已颁布法律的同时，国务院在1987年10月30日发布了《野生药材资源保护管理条例》、在1996年9月30日发布了《中华人民共和国野生植物保护条例》，内蒙古自治区人民政府于2008年12月31日公布实施了《内蒙古自治区草原野生植物采集收购管理办法》。严厉打击破坏保护野生药用植物行为，做到有法必依，执法必严，使人们认识到如果破坏保护野生药用植物就会像猎杀保护动物一样受到法律的制裁。

四、依托生态建设项目，大力发展药用植物资源

各地要以退牧还草还林等国家重大项目为载体，一方面采用

围封等措施，保护和培育野生药用植物资源，实现资源的可持续利用；另一方面大力发展药用植物人工种植，扩大和培育人工药用资源。利用退耕还林还草项目的实施，建立药用人工林地、草地、饲料基地。采用林—药、草—药、本身是药的林草等多种方式的间、套、轮作，实现药用植物的规范化、规模化、集约化和产业化生产。

五、以市场为导向，提供系列化、社会化服务

政府职能部门要研究市场规律和商品趋势，以市场需求为依据，指导中医、蒙医药材资源的开发和利用。充分利用政府信息网络和各种媒体，全面宣传并广泛收集国内外中医、蒙医药市场信息，按照药材市场的发展规律，对重点品种的市场需求、销量走势、价格行情、发展趋势进行预测，及时向农户提供政策咨询、生产动向、市场行情等系列化信息服务，以市场需求指导药材生产。

此外，为了使药用植物资源永续利用，还应该制定近期和长远规划，紧抓机遇，将药用植物的开发与保护纳入调整产业结构、保护生态环境和提高人民收入的总体规划之中，扬长避短，发挥优势，形成产业，促进农村经济发展和农民收入的增长。

六、加大对药用植物的综合利用与产品的深加工

中医、蒙医药用植物资源的开发应以药物利用为中心，进行多方面、多用途的研究开发，如保健品、化妆品、天然香料、天然甜味剂、植物性杀虫剂、中兽药、中医药饲料添加剂等，充分利用药用资源，深入研究开发药用植物中“一物多用”的种类。目前，在开发利用资源过程中往往只注重一个层次，表现在产业结构和产品结构上的单打一，这是多年来造成植物资源浪费的一个重要原因。因此，加强对药用植物的综合利用开发与深加工，可避免资源浪费，获得巨大的经济效益、社会效益以及生态效益。

七、积极培育龙头企业，带动地方经济发展

利用药用植物产业化发展多向性的特点，进行多途径、多产业方向的产业开发，如与中蒙医药产业、保健品及化妆品产业、饲草料加工产业、旅游产业等横向联合，共同形成药用植物多向开发的产业链，并以此为纽带，形成药用植物的综合开发产业网络。采取“公司＋农户”“公司＋工厂＋农户”“公司＋科研＋协会＋农户”“有条件的集团企业封闭式开发”等多种模式，外联市场，内联企业、农户，通过技术指导、科学种植、重点扶持，为农民提供产前、产中、产后服务，建立利益共同体，逐步形成若干中医、蒙医药材生产基地，带动资源开发、经济发展和扶贫工作。

第二部分
常用野生药用植物

第一章　蕨类植物门
PTERIDOPHYTA

一、石松科　Lycopodiaceae

石松属　Lycopodium L.

杉蔓石松

Lycopodium annotinum L.

蒙名：哲乐图—西伯日斯

别名：单穗石松、伸筋草

生境：中生植物。

分布：阿尔山地区。

储量：约10吨。

药用价值：全草入药，能祛风湿、舒筋活血，主治跌打损伤、腰腿筋骨疼痛、风湿麻木。

二、卷柏科　Selaginellaceae

卷柏属　Selaginella Spring

1．尖叶卷柏

Selaginella tamariscina (Beauv.)Spring var. ulanchotensis Ching et Wang—Wei:

蒙名：树布格日—麻特日音—好木苏

生境：中生植物。生于山坡岩石缝。

分布：科右前旗、科右中旗、扎赉特旗、突泉县。

储量：约 10 吨。

药用价值：全草入药（药材名：卷柏），生用能活血，炒用能止血，主治经闭、崩漏、尿血、便血、脱肛。全草入蒙药（蒙药名：麻特日音—好木苏），能利水、止血、凉血，主治产后热、尿闭、月经不调、创伤出血、鼻出血。

2. 中华卷柏

Selaginella sinensis (Desv.) Spring

蒙名：囊给得—麻特日音—好木苏

生境：中生植物。生于石质山坡。

分布：科右前旗、科右中旗、阿尔山市、扎赉特旗。

储量：约 10 吨。

药用价值：全草入药，能凉血、止血，主治咯血、衄血、尿血。

3. 卷柏

Selaginella tamariscina (Beauv.) Spring

蒙名：麻特日音—好木苏

别名：还魂草、长生不死草

生境：多年生中生草本植物。生于山坡岩面、峭壁石缝。

分布：科右前旗、扎赉特旗。

储量：约 10 吨。

药用价值：全草入药（药材名：卷柏），生用能活血，炒用能止血，主治闭经、崩漏、尿血、便血、脱肛。全草入蒙药（蒙药名：麻特日音—好木苏），能利水、止血、凉血，主治产后热、尿闭、月经不调、创伤出血、鼻出血。

三、木贼科　Equisetaceae

木贼属　Equisetum L.

1. 问荆

Equisetum arvense L.

蒙名：那日存—额布苏

别名：土麻黄

生境：中生植物。生于草地、河边、砂地。

分布：科右前旗。

储量：约10吨。

药用价值：全草入药，能清热、利尿、止血、止咳，主治小便不利、热淋、吐血、衄血、月经过多、咳嗽气喘。全草入蒙药（蒙药名：呼呼格—额布苏），能利尿、止血、化痞，主治尿闭、石淋、尿道烧痛、淋症、水肿、创伤出血。

饲用价值：夏季牛和马乐食，干草羊喜食。

2. 林问荆

Equisetum sylvaticum L.

蒙名：奥衣音—西伯里

生境：中生植物。生于林下草地、灌丛、湿地。

分布：科右前旗、阿尔山。

储量：约10吨。

药用价值：全草入蒙药（蒙药名：敖衣音—呼呼格），能利尿、止血、化痞，主治尿闭、石淋、尿道烧痛、淋症、水肿、创伤出血。

3. 草问荆

Equisetum pratense Ehrh.

蒙名：闹古音—西伯里

生境：中生植物。生于林下草地、林间灌丛。

分布：科右前旗、阿尔山市。

储量：约 10 吨。

药用价值：全草入蒙药（蒙药名：额布森—呼呼格），能利尿、止血、化痞，主治尿闭、石淋、尿道烧痛、淋症、水肿、创伤出血。

4. 节节草

Equisetum ramosissimum Desf.

蒙名：萨格拉嘎日—西伯里

别名：土麻黄、草麻黄

生境：中生植物。生于沙地、草原。

分布：科右中旗。

储量：约 10 吨。

药用价值：全草入药。能清热利湿，平肝散结，祛痰止咳。主治尿路感染、肾炎、肝炎、祛痰。

5. 犬问荆

Equisetum palustre L.

蒙名：那木根—西伯里

生境：中生植物。生于林下湿地、水沟边。

分布：科右前旗、阿尔山市。

储量：约 10 吨。

药用价值：全草入蒙药（蒙药名：呼呼格—额布苏），能利尿、止血、化痞，主治尿闭、石淋、尿道烧痛、淋症、水肿、创伤出血。

6. 木贼

Equisetum hyemale L.

蒙名：西伯里

别名：锉草

生境：中生植物。生于林下湿地、水沟边、湿草地。

分布：科右前旗、阿尔山市。

储量：约 10 吨。

药用价值：全草入药（药材名：木贼），能散风热、退目翳、止血，主治目赤肿痛、迎风流泪、角膜云翳、内痔便血。全草入蒙药（蒙药名：珠鲁古日—额布苏），能明目退翳、治伤、排脓，主治骨折、旧伤复发、赤眼、眼花症、角膜云翳。

四、阴地蕨科 Botrychiaceae

阴地蕨属 Botrychium Sw.

扇羽阴地蕨

Botrychium lunaria (L.) Sw.

蒙名：古吉格—色古特日音—奥衣麻

别名：扇叶阴地蕨

生境：中生植物。生于草甸或山沟阴湿处及林下。

分布：阿尔山市。

储量：约 10 吨。

药用价值：全草入药，能止血、止痢、消肿，主治子宫出血，痢疾便血、外伤出血、跌打损伤、痈肿。

五、蕨科 Pteridiaceae

蕨属 Pteridium Scop.

蕨

Pteridium aquilinum (L.) Kuhn var. latiusculum (Desv.) Underw. ex Heller

蒙名：奥衣麻

别名：蕨菜

生境：中生植物。生于山坡草丛或林缘阳光充足处。

分布：阿尔山市。

储量：约 50 吨。

药用价值：全草入药，能清热利湿、消肿、利水、安神，主治发热、痢疾、黄疸、高血压症、头昏失眠、风湿关节痛、白带。

六、中国蕨科 Sinopteridaceae

粉背蕨属 Aleuritopteris Fee

1. 银粉背蕨

Aleuritopteris argentea (Gmel.) Fee

蒙名：孟棍—奥衣麻

别名：五角叶粉背蕨

生境：旱生植物。生于石灰岩石缝中。

分布：科右前旗、科右中旗、扎赉特旗、突泉县。

储量：约 20 吨。

药用价值：全草入药，能活血通经、祛湿、止咳，主治月经不调、经闭腹痛、赤白带下、咳嗽、咯血。也入蒙药（蒙药名：吉斯—额布苏），能愈伤、明目、舒筋、调经补身、止咳、止血，主治骨折损伤、月经不调、视力减退、肺结核咳嗽。

2. 无粉银粉背蕨（变种）

Aleuritopteris argentea (Gmel.) Fee var. obscura (Christ) Ching

蒙名：布图黑—孟棍—奥衣麻

别名：无粉五角叶粉背蕨

生境：旱生植物。生于石灰岩石缝中。

分布：科右中旗、突泉县。

储量：约 10 吨。

药用价值：全草入药，能活血通经、祛湿、止咳，主治月经不调、经闭腹痛、赤白带下、咳嗽、咯血。也入蒙药（蒙药名：吉斯—额布斯），能愈伤、明目、舒筋、调经补身、止咳、止血，主治骨折损伤、月经不调、视力减退、肺结核咳嗽。

七、蹄盖蕨科 Athyriaceae

蹄盖蕨属 Athyrium Roth

中华蹄盖蕨

Athyrium sinense Rupr.

蒙名：囊给得—奥衣麻金

别名：狭叶蹄盖蕨

生境：中生植物。生于林下。

分布：阿尔山市、科右前旗、科右中旗。

储量：约 10 吨。

药用价值：根茎及叶柄残基入药，能清热解毒、止血、杀虫，主治流行性感冒、麻疹、流脑、子宫出血、蛔虫、蛲虫。

八、铁角蕨科 Aspleniaceae

铁角蕨属 Asplenium L.

北京铁角蕨

Asplenium pekinense Hance

蒙名：伯格京音—奥衣麻混那

别名：小叶鸡尾草、小凤尾草

生境：中生植物。生于山谷石缝中。

分布：科右前旗索伦、科右中旗汗山。

储量：约 10 吨。

药用价值：全草入药，能化痰止咳、利膈、止血，主治感冒咳嗽、肺结核、外伤出血。

九、球子蕨科 Onocleaceae

荚果蕨属 Matteuccia Todaro

荚果蕨

Matteuccia struthiopteris(L.)Todaro

蒙名：宝日查格图—奥衣麻

别名：黄瓜香、小叶贯众、野鸡膀子

生境：中生植物。生于林下、溪边疏林下。

分布：科右前旗、阿尔山市。

储量：约 10 吨。

药用价值：根茎及残存叶柄入药，能杀虫、清热解毒、凉血、止血，主治风热感冒、湿热癍疹、吐血、衄血、血痢、血崩、带下。也入蒙药（蒙药名：纳日苏—额布苏），能清热解毒、治伤，主治毒热、狂犬病、食物中毒、温病、旧伤复发。

十、水龙骨科 Polypodiaceae

石韦属 Pyrrosia Mirbel

长柄石韦

Pyrrosia petiolosa (Christ) Ching

蒙名：巴日古乐图—孟和—柴

别名：有柄石韦

生境：中生植物。生于石缝中。

分布：科右中旗、扎赉特旗。

储量：约 10 吨。

药用价值：全草入药（药材名：石韦），能利尿通淋、清热滞热、止血，主治小便不利、淋痛、尿血、尿路结石、肾炎水肿、肺热咳嗽。也入蒙药（蒙药名：巴日古乐图—哈丹呼吉），能清热解毒、治伤排脓，主治骨折、旧伤复发、跌打肿痛、外伤出血、烫伤、毒热。

第二章　裸子植物门
GYMNOSPERMAE

十一、松科　Pinaceae

松属　Pinus L.

1. 樟子松

Pinus sylvestris L. var. mongolica Litv

蒙名：海拉尔—那日苏

别名：海拉尔松

生境：中生乔木。生于海拔400~900米山地的山脊、山顶和阳坡以及较干旱的沙地及石砾土地区，常组成纯林或与白桦、落叶松成混交林。

分布：阿尔山市。

储量：约 50 吨。

药用价值: 枝节入蒙药(蒙药名: 海拉尔—那日苏),能祛风湿、止痛，主治关节疼痛、屈身不利。

2. 油松

Pinus tabulaeformis Carr.

蒙名：那日苏

别名：短叶松

生境：中生乔木。生于海拔800~1500 米山地的阴坡和半阴坡，常成纯林或与其他针阔叶树种成混交林。阳性树种，性耐干冷，瘠薄土壤及酸性、中性或钙质黄土均能良好生长。

分布：科右前旗、扎赉特旗、阿尔山。

储量：约 20 吨。

药用价值：瘤状节或支枝节入药（药材名：油松节，蒙药名：那日苏），能祛风湿、止痛，主治关节疼痛、屈身不利。花粉入药（药材名：松花粉），能燥湿收敛，主治黄水疮、皮肤湿疹、婴儿尿布性皮炎。松针入药，能祛风燥湿、杀虫、止痒，主治风湿痿痹、跌打损伤、失眠、浮肿、湿疹、疥癣，并能防治流脑、流感。球果入药（药材名：松塔），能祛痰、止咳、平喘，主治慢性气管炎、哮喘。

十二、柏科 Cupressaceae

圆柏属 Sabina Mill

兴安圆柏

Sabina davurica（Pall.）

蒙名：兴安—阿日查

生境：中生乔木。生于海拔 400~1400 米的多石山地或山峰岩缝中或沙丘。

分布：阿尔山市。

储量：约 10 吨。

药用价值：叶入蒙药（蒙药名：杭根—乌和日—阿日查），能清热利尿、止血、消肿、治伤、祛黄水，主治肾与膀胱热、尿闭、发症、风湿性关节炎、痛风、游痛症。

十三、麻黄科 Ephedraceae

麻黄属 Ephedra L.

1. 草麻黄

Ephedra sinica Stapf

蒙名：哲格日根讷

别名：麻黄

生境：旱生植物。生于丘陵坡地、平原、沙地，为石质和沙质草原的伴生种，局部地段可形成群聚。

分布：科右中旗中南部。

储量：约 100 吨。

药用价值：茎入药（药材名：麻黄），能发汗、散寒、平喘、利尿，主治风寒感冒、喘咳、哮喘、支气管炎、水肿。根入药（药材名：麻黄根），能止汗，主治自汗、盗汗。茎也入蒙药（蒙药名：哲日根），能发汗、清肝、化痞、消肿、治伤、止血，主治黄疸型肝炎、创伤出血、子宫出血、吐血、便血、咯血、博热、劳热、内伤。

2. 中麻黄

Ephedra intermedia Schrenk ex Mey.

蒙名：查干—哲格日根讷

生境：旱生植物。抗旱性强，生于干旱与半干旱地区的沙地、山坡及草地上。

分布：科右中旗中南部。

储量：约 100 吨。

药用价值：茎和根入药，草质茎入蒙药（蒙药名：查干—哲日根），能发汗、散寒、平喘、利尿，主治风寒感冒、喘咳、哮喘、支气管炎、水肿。根入药，能止汗，主治自汗、盗汗。茎也入蒙医药，能发汗、清肝、化痞、消肿、治伤、止血，主治黄疸型肝炎、创伤出血、子宫出血、吐血、便血、咯血、博热、劳热、内伤。

第三章 被子植物门

ANGIOSPERMAE

十四、杨柳科 Salicaceae

杨属 Populus L.

山杨

Populus davidiana Dode

蒙名：阿吉拉音—奥力牙苏

别名：火杨

生境：中生乔木。生于山地阴坡或半阴坡，在森林气候区生于阳坡。属于夏绿阔叶林建群种，并常与白桦形成混交林。

分布：阿尔山、科右前旗、科右中旗、扎赉特旗、突泉县。

储量：约 50 吨。

药用价值：树皮可入蒙药（蒙药名：奥力牙苏），能排脓，主治肺脓肿。

十五、胡桃科　Juglandaceae

胡桃属　Juglans L.

胡桃楸

Juglans mandshurica

蒙名：哲日力格—胡西格

别名：山核桃、核桃楸

生境：中生乔木。阳性树种。稍耐阴，较耐寒抗旱，喜生于土壤肥沃和排水良好的山坡地或谷地。

分布：分布于乌兰浩特市。

储量：约 10 吨。

药用价值：果皮入药，治胃病；枝皮或干皮能清热解毒、止痢、明目，主治泄泻、痢疾、白带、目赤。

十六、桦木科　Betulaceae

（一）桦木属　Betula L.

白桦

Betula platyphylla Suk.

蒙名：查干—虎斯

别名：粉桦、桦木

生境：中生乔木。阳性树种。适应性强，在原始林被采伐后或火烧迹地上，常与山杨混生构成次生林的先锋树种，有时成纯林或散生在其他针、阔叶林中。

分布：阿尔山市、科右前旗、扎赉特旗、突泉县。

储量：约 150 吨。

药用价值：树皮入药，能清热利湿、祛痰止咳、消肿解毒，主治肺炎、痢疾、腹泻、黄疸、肾炎、尿路感染、慢性气管炎、急性扁桃体炎、牙周炎、急性乳腺炎、痒疹、烫伤。

（二）榛属　Corylus. L.

榛

Corylus heterophylla Fisch.

蒙名：西得

别名：榛子、平榛

生境：灌木或小乔木。中生植物。喜光灌木。生于向阳山地和多石的沟谷两岸及林缘，采伐迹地。

分布：阿尔山市、科右前旗、扎赉特旗。

储量：约 10 吨。

药用价值：种仁入药，能调中、开胃、明目。

十七、壳斗科　Fagaceae

栎属　Quercus L.

蒙古栎

Quercus mongolica Fisch. ex Ledeb

蒙名：查口苏

别名：柞树

生境：落叶乔木。中生植物。阳性树种。耐寒、耐干瘠；喜生于土壤深厚、排水良好的坡地，常与杨、桦混生，为东北夏绿阔叶林的重要建群种之一。

分布：阿尔山市、科右前旗、科右中旗、扎赉特旗、突泉县。

储量：约 150 吨。

药用价值：树皮入药，能清热、解毒、利湿，主治肠炎腹泻、痢疾、黄疸、痔疮；果实入蒙药（蒙药名：查日苏），能止泻、止血、祛黄水，主治血痢、腹痛、肠刺痛、小肠痧、痔疮出血。

十八、榆科 Ulmaceae

榆属 Ulmus L.

1. 大果榆

Ulmus macrocarpa Hance

蒙名：得力斯

别名：黄榆、蒙古黄榆

生境：落叶乔木或灌木。旱中生植物。喜光，耐寒冷、干旱，生于海拔700~1800米的山地、沟谷及固定沙地。

分布：阿尔山市、科右前旗、科右中旗、扎赉特旗、突泉县、乌兰浩特市。

储量：约10吨。

药用价值：果实可制成中医药材“芜荑”，能杀虫、消积，主治虫积腹痛、小儿疳泻、冷痢、疥癣、恶疮。

2. 家榆

Ulmus pumila L.

蒙名：海拉苏

别名：白榆、榆

生境：旱中生乔木。喜光，耐旱、耐寒，对烟及有毒气体的抗性较强。常见于森林草原及草原地带的山地、沟谷及固定沙地。

分布：阿尔山市、科右前旗、科右中旗、扎赉特旗、突泉县、乌兰浩特市。

储量：约30吨。

药用价值：树皮入药，利水、通淋、消肿，主治小便不通、水肿等。

十九、桑科　Moraceae

（一）桑属　Morus L.

1. 桑

Morus alba L.

蒙名：衣拉马

别名：家桑、白桑

生境：中生乔木或灌木。常栽培于田边、村边。

分布：科右中旗。

储量：约 10 吨。

药用价值：叶可入药（药材名：桑叶），能散风热，清肚明目，用于风热感冒、咳嗽、头晕、头痛、目赤；根皮可入药（药材名：桑白皮），利尿，用于肺热喘咳、面目浮肿，尿少；嫩枝入药（药材名：桑枝），能祛风湿，利关节，用于肩臂、关节酸痛麻木；果穗入药（药材名：桑葚），能补肝益肾、养血生津，用于头晕、目眩、耳鸣、心悸、头发早白、血虚便秘。果实入蒙药（蒙药名：衣拉马），能补益、清热，主治骨热、血盛症。

2. 蒙桑

Morus mongolica Schneid.

蒙名：蒙古栎—衣拉马

别名：刺叶桑、崖桑

生境：中生灌木或小乔木。生于向阳山坡，沟谷或疏林中、山林麓、丘陵、低地。

分布：科右前旗、科右中旗、扎赉特旗。

储量：约 15 吨。

药用价值：根皮、果实入蒙药（蒙药名：蒙古乐—衣拉马），能补益、清热，主治骨热、血盛症。

3. 山桑（变种）

Morus mongolica Schneid. Var. diabolica Koidz.

蒙名：阿古拉音—衣拉马

别名：葫芦桑

生境：中生灌木或小乔木。生于阳坡，低山常见，一般为灌木型。

分布：科右前旗、科右中旗。

储量：约 18 吨。

药用价值：叶可入药（药材名：桑叶），能散风热，清肚明目，用于风热感冒、咳嗽、头晕、头痛、目赤；根皮可入药（药材名：桑白皮），利尿，用于肺热喘咳、面目浮肿，尿少；嫩枝入药（药材名：桑枝），能祛风湿，利关节，用于肩臂、关节酸痛麻木；果穗入药（药材名：桑葚），能补肝益肾、养血生津，用于头晕、目眩、耳鸣、心悸、头发早白、血虚便秘；果实入蒙药（蒙药名：衣拉马），能补益、清热，主治骨热、血盛症。

（二）葎草属　Humulus L.

葎草

Humulus scandens (Lour.)

蒙名：朱日给

别名：勒草、拉拉秧

生境：中生草本植物。生于沟边和路旁荒地。

分布：科右前旗、扎赉特旗、突泉县。

储量： 约 10 吨。

药用价值：全草入药，能清热解毒、利尿消肿，主治淋病、小便不利、泄泻、痢疾、肺结核、肺脓疡、痈毒。外用治痔疮、湿疹、荨麻疹、毒蛇咬伤。

（三）大麻属 Cannabis L.

1. 大麻

Cannabis sativa L.

蒙名：敖鲁苏

别名：火麻、线麻

生境：中生、一年生草本植物。适于温暖多雨区域种植，在低温地带的河边冲积土、沙丘低地、路旁生长良好。

分布：阿尔山市、科右前旗、科右中旗、扎赉特旗、突泉县、乌兰浩特市。

储量：不足 10 吨。

药用价值：种仁入药（药材名：火麻仁），能润燥，用于肠燥便秘；也入蒙药（蒙药名：敖老森—乌日），能通便、杀虫、祛黄水，主治便秘、痛风、游痛症、关节炎、淋巴腺肿、黄水疮。

2. 野大麻（变种）

Cannabis sativa L. f. ruderalis(Janisch.)

蒙名：哲日力格—敖鲁苏

生境：中生、一年生草本植物。生于草原及向阳干山坡，固定沙丘及丘间低地。

分布：阿尔山市、科右中旗。

储量：不足 10 吨。

药用价值：种仁入蒙药（蒙药名：和仁—敖老森—乌日），能通便、杀虫、祛黄水，主治便秘、痛风、游痛症、关节炎、淋巴腺肿、黄水疮。

二十、荨麻科 Urticaceae

（一）荨麻属 Urtica L.

1. 麻叶荨麻

Urtica cannabina L.

蒙名：哈拉盖

别名：焮麻

生境：中生、多年生草本植物。生于人畜经常活动的干燥山坡、丘陵坡地、沙丘坡地、山野路旁、居民点附近。

分布：阿尔山市、科右前旗、科右中旗、扎赉特旗。

储量：约 20 吨。

药用价值：全草入药，能祛风、化痞、解毒、温胃，主治风湿、胃寒、糖尿病、痞证、产后抽风、小儿惊风、荨麻疹，也能解虫蛇咬伤之毒等。全草入蒙药（蒙药名：哈拉盖—敖嘎），能除“协日乌素”、解毒、镇“赫依”、温胃、破痞。主治腰腿及关节疼痛、虫咬伤。

2. 狭叶荨麻

Urtica angustifolia Fisch.

蒙名：奥存—哈拉盖

别名：螫麻子

生境：中生、多年生植物。生于山地林缘、灌丛间、溪沟边、湿地，也见于山野阴湿处、水边沙丘灌丛间。

分布：阿尔山市、科右前旗、科右中旗、扎赉特旗。

储量： 约 20 吨。

药用价值：全草入药，能祛风、化痞、解毒、温胃，主治风湿、胃寒、糖尿病、痞证、产后抽风、小儿惊风、荨麻疹，也能解虫蛇咬伤之毒等。全草入蒙药（蒙药名：哈拉盖—敖嘎），能除“协日乌素”、解毒、镇“赫依”、温胃、破痞。主治腰腿及关节疼痛、虫咬伤。

（二）冷水花属　Pilea Lindl.

透茎冷水花

Pilea pumila (L.) A.Gray

蒙名：讷布特日海—哈拉嘎海

别名：水荨麻

生境：湿中生、一年生草本植物。生于湿润的林内、林缘、山地岩石间及沟谷，也见于溪边、河岸、草甸及河谷。

分布：科右中旗。

储量：约 10 吨。

药用价值：根茎入药，有清热利尿之效。

（三）墙草属　Parietaria L.

小花墙草

Parietaria micrantha Ledeb.

蒙名：麻查日干那

别名：墙草

生境：中生、一年生草本植物。生于山坡阴湿处、石隙间或湿地上。

分布：科右前旗、科右中旗、扎赉特旗、阿尔山市。

储量：约 50 吨。

药用价值：全草入药，有拔脓消肿之效。

二十一、檀香科 Santalaceae

百蕊草属 Thesium L.

1. 百蕊草

Thesium chinense Turcz.

蒙名：麦令嘎日

别名：珍珠草

生境：旱生、多年生草本植物。生于砾石质坡地、干燥草坡、山地草原、林缘、灌丛间、沙地边缘及河谷干草甸等地。

分布：科右前旗、科右中旗、扎赉特旗、阿尔山市。

储量：约20吨。

药用价值：全草入药，能清热解毒、补肾涩精，主治急性乳腺炎、肺炎、肺脓疡、扁桃体炎、上呼吸道感染、肾虚腰痛、头昏、遗精等症。

2. 长叶百蕊草

Thesium longifolium Turcz.

蒙名：巴日依古勒图—麦令嘎日

生境：中旱生、多年生草本植物。生于沙地沙质草原、山坡、山地草原、林缘、灌丛中，也见于山顶草地、草甸上。

分布：科右前旗、科右中旗、扎赉特旗、阿尔山市。

储量：约20吨。

药用价值：全草入药，能祛风清热、解痉，主治感冒、中暑、小儿肺炎、咳嗽、惊风。

3. 急折百蕊草

Thesium refractum C.A.Mey

蒙名：毛瑞—麦令嘎日

生境：中旱生、多年生草本植物。生于山坡草地、多沙砾的坡地、草原、林缘、沙地及草甸上。

分布：科右前旗、科右中旗、阿尔山市。

储量：约10吨。

药用价值：全草入药，能清热解痉、利湿消疳，主治小儿肺炎、支气管炎、肝炎、小儿惊风、腓胸肌痉挛、风湿骨痛、小儿疳积、血小板减少性紫癜。

二十二、桑寄生科 Loranthaceae

槲寄生属 Viscum L.

槲寄生

Viscum coloratum (Kom.) Nakai

蒙名：曹格苏日

别名：北寄生

生境：半寄生常绿小灌木。常寄生于杨树、柳树、榆树、栎树、梨树、桦木、桑树等上。

分布：科右前旗、扎赉特旗、阿尔山市。

储量：约10吨。

药用价值：全草入药，有补肾肝、除风湿、强筋骨、安胎催乳之效，也有强心、降血压的作用。

二十三、蓼科 Polygonaceae

（一）大黄属 Rheum L.

1. 波叶大黄

Rheum undulatum L.

蒙名：道乐给牙拉森—给西古纳

生境：中生、多年生草本植物。散生于针叶林区、森林草原区山地的石质山坡、碎石坡以及富含砾石的冲刷沟内，为山地草原群落的伴生种，也零星见于草原地带北部山前地带的草原群落中。

分布：科右前旗、阿尔山市。

储量：约35吨。

药用价值：根入药，能清热解毒、止血、祛瘀、通便、杀虫，主治便秘、痄腮、痈疖肿毒、跌打损伤、烫火伤、瘀血肿痛、吐血、衄血等，多作兽药用；根又可作工业染料的原料及提制栲胶；栽培叶可作蔬菜食用。根入蒙药（蒙药名：奥木日特音—西古纳），能清热、解毒、缓泻、消食、收敛、治瘰疬。主治腑热、“协日热”、便秘、经闭、消化不良、疮疡疖肿。

2. 华北大黄

Rheum franzenbachii Munt.

蒙名：给西古纳

别名：山大黄、土大黄、子黄、峪黄

生境：多年生草本、旱中生植物。多散生于阔叶林区和山地森林草原地区的古质山坡和砾石坡地，为山地石生草原群落的稀见种，数量较少，但景观比较醒目。

分布：科右中旗。

储量：约10吨。

药用价值：根入药，能清热解毒、止血、祛瘀、通便、杀虫，主治便秘、痄腮、痈疖肿毒、跌打损伤、烫火伤、瘀血肿痛、吐血、衄血等症。根入蒙药（蒙药名：奥木日特音—西古纳），能清热、解毒、缓泻、消食、收敛、治瘰疬。主治腑热、“协日热”、便秘、经闭、消化不良、疮疡疖肿。

（二）酸模属　Rumex L.

1. 酸模

Rumex acetosa L.

蒙名：爱日干纳

生境：旱中生、多年生草本植物。生于山地、林缘、草甸、路旁等处。

分布：科右前旗、扎赉特旗、乌兰浩特市、阿尔山市。

储量：约 30 吨。

药用价值：全草入药，能凉血、解毒、通便、杀虫，主治内出血、痢疾、便秘、内痔出血；外用治疥癣、疔疮、神经性皮炎、湿疹等症。根入蒙药（蒙药名：爱日干纳），能杀“黏”、下泻、消肿、愈伤。主治“黏”疫、痧疾、丹毒、乳腺炎、腮腺炎、骨折、金伤。

2. 毛脉酸模

Rumex gmelinii Turcz.

蒙名：乌苏图—爱日干纳

生境：中生、多年生草本植物。多散生于森林区和草原区的河岸、林缘、草甸或山地，为草甸、沼泽化草甸群落的伴生种。

分布：科右前旗、科右中旗、阿尔山市。

储量：约 10 吨。

药用价值：根入蒙药（蒙药名：霍日根—其赫），能杀“黏”、下泻、消肿、愈伤。主治“黏”疫、痧疾、丹毒、乳腺炎、腮腺炎、骨折、金伤。

3. 皱叶酸模

Rumex crispus L.

蒙名：衣曼—爱日干纳

别名：羊蹄、土大黄

生境：中生、多年生草本植物。生于阔叶林区及草原区的山地、沟谷、河边，也进入荒漠区海拔较高的山地，为草甸、草甸化草原和山地草原群落的伴生种和杂草。

分布：科右前旗、扎赉特旗、乌兰浩特市、阿尔山市。

储量：约 20 吨。

药用价值：根入药，能清热解毒、止血、通便、杀虫，主治鼻出血、功能性子宫出血、血小板减少性紫癜、慢性肝炎、肛门周围炎、大便秘结；外用治外痔、急性乳腺炎、黄水疮、疖肿、皮癣等症。根也入蒙药（蒙药名：衣曼—爱日干纳），能杀“黏”、下泻、消肿、愈伤。主治“黏”疫、痧疾、丹毒、乳腺炎、腮腺炎、骨折、全伤。

4. 长刺酸模

Rumex maritimus.L.

蒙名：麻日斥乃—爱日干纳

生境：一年生草本、耐盐中生植物。生于河流沿岸及湖滨盐化低地，为草甸和盐化草甸的伴生种。

分布：科右前旗、突泉县、乌兰浩特市。

储量：约 10 吨。

药用价值：全草入药，能杀虫、清热、凉血，主治痈疮肿痛、秃疮、疥癣、跌打肿痛。

5. 巴天酸模

Rumex patientia L.

蒙名：乌和日—爱日干纳

别名：山荞麦、羊蹄叶、牛西西

生境：多年生草本、中生植物。生于阔叶林区、草原区的河流两岸、低湿地、村边、路边等处，为草甸中习见的伴生种。

分布：科右前旗。

储量：约 10 吨。

药用价值：根入药，能凉血止血、清热解毒、杀虫，主治功能性出血、吐血、咯血、鼻衄、牙龈出血、胃及十二指肠出血、便血、紫癜、便秘、水肿；外用治疥癣、疮疖、脂溢性皮炎。根入蒙药（蒙药名：乌和日—爱日干纳），能杀“黏”、下泻、消肿、愈伤。主治“黏”疫、瘀疾、丹毒、乳腺炎、腮腺炎、骨折、全伤。

（三）蓼属 Polygonum L.

1. 荭草

Polygonum orientale L.

蒙名：乌兰—呼恩底

别名：东方蓼、红蓼、水红花

生境：一年生、高大中生草本植物。多栽培。也有逸生，生于田边、路旁、水沟边、庭园或住舍附近。

分布：科右中旗。

储量：约 10 吨。

药用价值：果实及全草可入药，果实能活血、消积、止痛、利尿，主治胃痛、腹胀、脾肿大、肝硬化腹水、颈淋巴结核。全草能祛风利湿、活血止痛，主治风湿性关节炎。

2. 酸模叶蓼

Polygonum lapathifolium L.

蒙名：好日根—希莫乐得格

别名：旱苗蓼、大马蓼

生境：一年生、中生草本植物。轻度耐盐。散生于阔叶林带、森林草原、草原以及荒漠带的低湿草甸、河谷草甸和山地草甸。常为伴生种。

分布：科右前旗、科右中旗、扎赉特旗、突泉县、乌兰浩特市、阿尔山市。

储量：约 10 吨。

药用价值：果实可作“水红花子”入药。全草入蒙药（蒙药名：乌兰—初麻孜），利尿、消肿、祛“协日乌素”、止痛、止吐。

主治“协日乌素”病、关节痛、疥、脓疱疮。

3. 水蓼

Polygonum hydropiper L.

蒙名：奥存—希莫乐得格

别名：辣蓼

生境：一年生草本、中生-湿生植物。多散生或群生于森林带、森林草原带、草原带的低湿地、水边或路旁。

分布：科右前旗。

储量：约10吨。

药用价值：全草或根、叶入药（药材名：辣蓼），能祛风利湿、散瘀止痛、解毒消肿、杀虫止痒，主治痢疾、胃肠炎、腹泻、风湿性关节痛、跌打肿痛、功能性子宫出血；外用治毒蛇咬伤、皮肤湿疹。也作蒙药用（蒙药名：楚马悉）。

4. 西伯利亚蓼

Polygonum sibiricum Laxm.

蒙名：西伯日—希莫乐得格

别名：剪刀股、醋蓼

生境：多年生草本、耐盐中生植物。广布于草原和荒漠地带的盐化草甸、盐湿低地，局部还可形成群落，也散见于路旁、田野，为农田杂草。

分布：科右前旗、科右中旗、扎赉特旗、突泉县、乌兰浩特市、阿尔山市。

储量：约50吨。

药用价值：根入药，治水肿。

5. 叉分蓼

Polygonum divaricatum L.

蒙名：希莫乐得格

别名：酸不溜

生境：多年生、高大旱中生草本植物。生于森林草原、山地草原的草甸和坡地，以及草原区的固定沙地。

分布：科右前旗、科右中旗、扎赉特旗、乌兰浩特市。

储量：约 15 吨。

药用价值：全草及根入药，全草能清热消积、散瘿止泻，主治大小肠积热、瘿瘤、热泻腹痛；根能祛寒温肾，主治寒疝、阴囊出汗。根及全草入蒙药（蒙药名：希莫乐得格），能止泻、清热。主治肠刺痛、热性泄泻、肠热、口渴、便带脓血。

6. 高山蓼

Polygonum alpinum All.

蒙名：塔格音—塔日纳

生境：多年生草本、寒生－中生草甸植物。散生于森林和森林草原地带的林缘草甸和山地杂类草草甸。

分布：科右前旗、扎赉特旗、阿尔山市。

储量：约 10 吨。

药用价值：全草入蒙药（蒙药名：阿古拉音—希莫乐得格），能止泻、清热。主治肠刺痛、热性泄泻、肠热、口渴、便带脓血。

7. 珠芽蓼

Polygonum viviparum L.

蒙名：竣和日

别名：山高粱、山谷子

生境：耐寒的多年生中生草本植物。多生于高山、亚高山带和海拔较高的山地顶部地势平缓的山坡，有时也进入林缘、灌丛间和山地群落中。

分布：科右前旗、科右中旗、阿尔山市。

储量：约 10 吨。

药用价值：根状茎入药，能清热解毒、散瘀止血。主治痢疾、腹泻、肠风下血、白带、崩漏、便血、扁桃体炎、咽喉炎；外用治跌打损伤、痈疖肿毒、外伤出血。根状茎入蒙药（蒙药名：胡日干—莫和日），能止泻、清热、止血、止痛。主治各种出血、肠刺痛、腹泻、呕吐。

8. 拳蓼

Polygonum bistorta L.

蒙名：乌和日—莫和日

别名：柴参、草河车

生境：中生草甸种，多年生草本植物。多散生于山地草甸和林缘。

分布：科右前旗、扎赉特旗、阿尔山市。

储量：约 10 吨。

药用价值：根状茎入药，能清热解毒、凉血止血、镇静收敛。主治肝炎、细菌性痢疾、肠炎、慢性气管炎、痔疮出血、子宫出血、惊风；外用治口腔炎、牙龈炎、痈疖肿毒。也作蒙药用（蒙药名：莫和日），能清肺热、解毒、止泻、消肿。主治感冒、肺热、瘟疫、脉热、肠刺痛、关节肿痛。

9. 耳叶蓼

Polygonum manshuriense V. Petr.ex Kom.

蒙名：苏门—莫和日

生境：中生、多年生草本植物。散生于森林草原带的山地林缘草甸、灌丛及河谷草甸，为伴生种。

分布：突泉县。

储量：约 10 吨。

药用价值：根状茎入蒙药（蒙药名：苏门—莫和日），能清肺热、解毒、止泻、消肿。主治感冒、肺热、瘟疫、脉热、肠刺痛、关节肿痛。

10. 穿叶蓼

Polygonum perfoliatum L.

蒙名：哲乐图—塔日纳

别名：杠板归、贯叶蓼、犁头刺

生境：中生、多年生草本植物。散生于山地林缘及河谷湿地，为山地草甸和河谷草甸的伴生种。

分布：科右前旗、阿尔山市。

储量：约 10 吨。

药用价值：全草入药，能清热解毒，利尿消肿。主治水肿、黄疸、泄泻、疟疾、痢疾、百日咳、淋浊、丹毒、瘰疬、湿疹、疥癣。

11. 箭叶蓼

Polygonum sieboldii Meisn.

蒙名：苏门—希莫乐得格

生境：一年生、中生草本植物。多散生于山间谷地、河边和低湿地，为草甸、沼泽化草甸的伴生种。

分布：科右前旗、阿尔山市。

储量：约 10 吨。

药用价值：全草入药，能祛风除湿，清热解毒，治风湿性关节炎。

12. 兴安蓼

Polygonum ajanense (Nakai) Grig

蒙名：兴安乃—塔日纳

别名：高山蓼

生境：多年生草本、高山中生草甸植物。散或群生于高山顶部岩石露头处和碎石坡地，有时形成小群落。

分布：科右前旗、科右中旗、扎赉特旗。

储量：约 10 吨。

药用价值：全草入蒙药（蒙药名：兴安乃—希莫乐得格），能止泻、清热。主治肠刺痛、热性泄泻、肠热、口渴、便带浓血。

13. 狐尾蓼

Polygonum alopecuroides Tuecz. ex Besser.

蒙名：哈日—莫和日

生境：多年生草本、中生草甸植物。生于针叶林地带和森林草原地带的山地河谷草甸，为禾草、杂类草草甸的伴生种。

分布：科右前旗、扎赉特旗。

储量：约 10 吨。

药用价值：根状茎入药，能清热解毒、凉血止血、镇静收敛，主治肝炎、细菌性痢疾、肠炎、慢性气管炎、痔疮出血、子宫出血、惊风；外用治口腔炎、牙龈炎、痈疖肿毒。也作蒙药用（蒙药名：莫和日），能清肺热、解毒、止泻、消肿。主治感冒、肺热、瘟疫、脉热、肠刺痛、关节肿痛。

（四）荞麦属 Fagopyrum Mill.

苦荞麦

Fagopyrum tataricum(L.) Gaertn.

蒙名：虎日—萨嘎得

别名：野荞麦、胡食子

生境：一年生、中生田间杂草，多呈半野生状态生长在田边、荒地、路旁和村舍附近。

分布：科右前旗、科右中旗、扎赉特旗、突泉县、乌兰浩特市、阿尔山市。

储量：约 10 吨。

药用价值：根及全草入药，能除湿止痛、解毒消肿、健胃。主治跌打损伤、腰腿疼痛、疮痈毒肿。种子入蒙药（蒙药名：萨嘎得），祛“赫依”、消“奇哈”、治伤。主治“奇哈”、疮痈、跌打损伤。

二十四、藜科　Chenopodiaceae

（一）猪毛菜属　Salsola L.

1. 猪毛菜

Salsola collina Pall.

蒙名：哈木呼乐

别名：山叉明棵、札蓬棵、沙蓬

生境：一年生、旱中生草本植物。经常进入草原和荒漠群落中成为伴生种，亦为农田、撂荒地杂草，可形成群落或纯群落。

分布：科右前旗、科右中旗、扎赉特旗、突泉县、乌兰浩特市、阿尔山市。

储量：约 10 吨。

药用价值：全草入药，能清热凉血、降血压，主治高血压。

2. 刺沙蓬

Salola tragus L.

蒙名：乌日格斯图—哈木呼乐

别名：沙蓬、苏联猪毛菜

生境：一年生草本植物。生于沙质或沙砾质土壤上，喜疏松土壤，也进入农田成为杂草。

分布：分布于科右中旗。

储量：约 10 吨。

药用价值：全草入药，能清热凉血、降血压，主治高血压。

（二）地肤属　Kochia Roth

1. 地肤

Kochia scoparia (L.) Schrad.

蒙名：疏日—诺高

别名：扫帚菜

生境：一年生草本、中生杂草。多见于夏绿阔叶林区和草原区的撂荒地、路旁、村边，散生或群生，亦为常见农田杂草。

分布：科右中旗。

储量：约 10 吨。

药用价值：果实及全草入药（果实药材名：地肤子），能清湿热、利尿、祛风止痒，主治尿痛、尿急、小便不利、皮肤瘙痒；外用治皮癣及阴囊湿疹。

2. 碱地肤（变种）

Kochia scoparia (L.) Schrad. var. sieversiana(Pall.) Ulbr.ex Aschers. et Graebn.

蒙名：好吉日萨格—道格特日嘎纳

别名：秃扫儿

生境：一年生草本、耐一定盐碱的旱中生植物，广布于草原带和荒漠地带，多生长在盐碱化的低湿地和质地疏松的撂荒地，亦为常见农田杂草和居民点附近伴生植物。

分布：科右前旗、科右中旗、扎赉特旗、突泉县、乌兰浩特市、阿尔山市。

储量：约 10 吨。

药用价值：果实及全草入药，能清湿热、利尿、祛风止痒，主治尿痛、尿急、小便不利、皮肤瘙痒；外用治皮癣及阴囊湿疹。

（三）沙蓬属　Agriophyllum M. Bieb.

沙蓬

Agriophyllum squarrosum (L) Moq.

蒙名：楚力给日

别名：沙米、登相子

生境：一年生沙生先锋植物。生于流动、半流动沙地和沙丘。在草原区沙地和沙漠中分布极为广泛，往往可以形成大面积的先锋植物群落。

分布：科右前旗、科右中旗、扎赉特旗、突泉县、乌兰浩特市、阿尔山市。

储量：约 10 吨。

药用价值：种子作蒙药用（蒙药名：曲里赫勒），能发表解热，主治感冒发烧、肾炎。

（四）藜属 Chenopodium L.

1. 刺藜

Chenopodium aristatum L.

蒙名：塔黑彦—希乐毕—诺高

别名：野鸡冠子花、刺穗藜、针尖藜

生境：一年生草本、中生杂草。生于沙质地或固定沙地，为农田杂草。

分布：科右前旗、科右中旗。

储量：约 10 吨。

药用价值：全草入药，能祛风止痒，主治皮肤瘙痒、荨麻疹。

2. 杂配藜

Chenopodium hybridum L.

蒙名：额日力格—诺衣乐

别名：大叶藜、血见愁

生境：一年生草本、中生杂草。生于林缘、山地沟谷、河边及居民点附近。

分布：科右前旗、科右中旗、阿尔山市。

储量：约 15 吨。

药用价值：地上部分入药，能调经、止血，主治月经不调、功能性子宫出血、吐血、衄血、咯血、尿血。

3. 藜

Chenopodium album L.

蒙名：诺衣乐

别名：白藜、灰菜

生境：一年生草本、中生杂草。生长于田间、路旁、荒地、居民点附近和河岸低湿地。

分布：科右前旗、科右中旗、扎赉特旗、突泉县、乌兰浩特市、阿尔山市。

储量：约 20 吨。

药用价值：全草及果实入药，能止痢、止痒，主治痢疾腹泻、皮肤湿毒搔痒。全草也入蒙药（蒙药名：诺衣乐），能解表、止痒、治伤、解毒，主治"赫依热"、金伤、心热、皮肤瘙痒。

二十五、苋科 Amaranthaceae

苋属 *Amaranthus* L.

反枝苋

Amaranthus retroflexus L.

蒙名：阿日白—诺高

别名：西风古、野千穗谷、野苋菜

生境：一年生草本、中生杂草。多生于田间、路旁、住宅附近。

分布：科右前旗、科右中旗、扎赉特旗、突泉县、乌兰浩特市、阿尔山市。

储量：约 20 吨。

药用价值：全草入药，能清热解毒、利尿止痛、止痢，主治痈疮、便秘、下痢。

二十六、马齿苋科 Portulacaceae

马齿苋属 Portulaca L.

马齿苋

Portulaca oleracea L.

蒙名：那仁—淖嘎

别名：马齿草、马苋菜

生境：一年生肉质草本、中生植物。生于田间、路旁、菜园，为习见田间杂草。

分布：科右前旗、科右中旗、扎赉特旗、突泉县、乌兰浩特市、阿尔山市。

储量：约 10 吨。

药用价值：全草入药，能清热利湿、凉血解毒、利尿，主治细菌性痢疾、急性胃肠炎、急性乳腺炎、痔疮出血、尿血、赤白带下、蛇虫咬伤、疔疮肿毒、急性湿疹、过敏性皮炎、尿道炎等。

二十七、石竹科 Caryophyllaceae

（一）蚤缀属 Arenaria L.

1. 毛梗蚤缀

Arenaria capillaries Poir.

蒙名：得伯和日格纳

别名：兴安鹅不食、毛叶老牛筋

生境：多年生密丛生草本、旱生植物。生于石质干山坡、山顶石缝间。

分布：科右前旗、科右中旗、扎赉特旗、阿尔山市。

储量：约 10 吨。

药用价值：根入蒙医药（蒙医药名：得伯和日格纳），能清肺、破痞，主治外痞、肺热咳嗽。

2．灯芯草蚤缀

Arenaria juncea Bieb.

蒙名：查干—得伯和日格纳

别名：毛轴鹅不食、毛轴蚤缀、老牛筋

生境：多年生草本、旱生植物。生于石质山坡、平坦草原。

分布：科右前旗、科右中旗、扎赉特旗、阿尔山市。

储量：约 10 吨。

药用价值：根曾作“山银柴胡”入药，能清热凉血；亦可入蒙药（蒙药名：查干—得伯和日格纳），能清肺、破痞，主治外痞、肺热咳嗽。

（二）繁缕属　Stellaria L.

1．繁缕

Stellaria media (L.) Villars

蒙名：阿吉干纳

生境：一年生或二年生草本、中生植物。生于村舍附近杂草地、农田中。

分布：阿尔山市。

储量：约 10 吨。

药用价值：茎叶和种子供药用，能凉血、消炎，主治积年恶疮、分娩后子宫收缩痛、盲肠周围炎，又可促进乳汁的分泌。

2．叉歧繁缕

Stellaria dichotoma L.

蒙名：特门—章给拉嘎

别名：叉繁缕

生境：多年生草本、旱生植物。生于向阳石质山坡、山顶石缝间、固定沙丘。

分布：科右前旗、科右中旗、扎赉特旗、突泉县。

储量：约 10 吨。

药用价值：根入蒙药（蒙药名：特门—章给拉嘎），能清肺、止咳、锁脉、止血，主治肺热咳嗽、慢性气管炎、肺脓肿。

3. 银柴胡（变种）

Stellaria dichotoma L. var. lanceolata Bge.

蒙名：那林—那布其特—特门—章给拉嘎

别名：披针叶叉繁缕、狭叶歧繁缕

生境：多年生草本、旱生植物。生于固定或半固定沙丘、向阳石质山坡、山顶石缝间、草原。

分布：科右前旗、阿尔山市。

储量：约 10 吨。

药用价值：根供药用，为中医药“银柴胡”的正品，能清热凉血，主治阴虚潮热、久疟、小儿疳热。

（三）女娄菜属 Melandrium Roehl.

女娄菜

Melandrium apricum (Turcz. ex Fisch. et Mey.) Rohrb.

蒙名：苏尼吉莫乐—其其格

别名：桃色女娄菜

生境：一年生或二年生、中旱生草本植物。生于砾质坡地、固定沙丘、疏林及草原中。

分布：科右前旗、科右中旗、扎赉特旗、突泉县、乌兰浩特市、阿尔山市。

储量：约 15 吨。

药用价值：全草入药，能下乳、利尿、清热、凉血，也作蒙药用（蒙药名：哈日—淘黑古日）。功能同前。

（四）麦瓶草属 Silene L.

1. 狗筋麦瓶草

Silene venosa (Gilib.) Aschers.

蒙名：哈特日音—舍日格纳

生境：多年生、中生草本植物。生于沟谷草甸。

分布：科右前旗、扎赉特旗。

储量：约 10 吨。

药用价值：全草入药，能治疗妇女病、丹毒和祛痰。

2. 旱麦瓶草

Silene jenisseensis Willd. Enum.

蒙名：额乐存—舍日格纳

别名：麦瓶草、山蚂蚱

生境：多年生、旱生草本植物。生于砾石质山地、草原及固定沙地。

分布：科右前旗、科右中旗、扎赉特旗。

储量：约 10 吨。

药用价值：根入药，能清热凉血。

（五）丝石竹属 Gypsophila L.

草原丝石竹

Gypsophila davurica Turcz. ex Fenzl

蒙名：达古日—台日

别名：草原石头花、北丝石竹

生境：多年生、旱生草本植物。生于典型草原、山地草原。

分布：科右前旗、科右中旗、扎赉特旗。

储量：约 10 吨。

药用价值：根入药，能逐水、利尿，主治水肿胀满、胸肋满闷、小便不利。

（六）石竹属 Dianthus L.

1. 瞿麦

Dianthus superbus L.

蒙名：高要—巴希卡

别名：洛阳花

生境：多年生、中生草本植物。生于林缘、疏林下、草甸、沟谷溪边。

分布：科右前旗、科右中旗、阿尔山市。

储量：约 10 吨。

药用价值：地上部分入药（药材名：瞿麦），能清湿热、利小便、活血通经，主治膀胱炎、尿道炎、泌尿系统结石、妇女经闭、外阴糜烂、皮肤湿疮。地上部分也入蒙药（蒙药名：高要—巴沙嘎），能凉血、止刺痛、解毒，主治血热、血刺痛、肝热、痧症、产褥热。

2. 石竹

Dianthus chinensis L.

蒙名：巴希卡—其其格

别名：洛阳花

生境：多年生、旱中生草本植物。生于山地草甸及草原。

分布：科右前旗、科右中旗、阿尔山市。

储量：约 10 吨。

药用价值：地上部分入药，能清湿热、利小便、活血通经，主治膀胱炎、尿道炎、泌尿系统结石、妇女经闭、外阴糜烂、皮肤湿疮。地上部分也入蒙药（蒙药名：高要—巴沙嘎），能凉血、止刺痛、解毒，主治血热、血刺痛、肝热、痧症、产褥热。

3. 兴安石竹（变种）

Dianthus chinensis L. var. versaicolor

蒙名：兴安—巴希卡

生境：多年生、旱中生草本植物。生于草原、草甸草原，为常见的伴生种植物。

分布：科右前旗、科右中旗、扎赉特旗、阿尔山市。

储量：约 10 吨。

药用价值：地上部分入药，能清湿热、利小便、活血通经，主治膀胱炎、尿道炎、泌尿系统结石、妇女经闭、外阴糜烂、皮肤湿疮。地上部分也入蒙药（蒙药名：高要—巴沙嘎），能凉血、止刺痛、解毒，主治血热、血刺痛、肝热、痧症、产褥热。

4. 蒙古石竹（变种）

Dianthus chinensis L. var. subulifolius (Kitag.)

蒙名：蒙古乐—巴希卡

别名：丝叶石竹

生境：多年生、中旱生草本植物。生于山地草原、典型草原。

分布：科右前旗、科右中旗、阿尔山市。

储量：约 10 吨。

药用价值：地上部分入药，能清湿热、利小便、活血通经，主治膀胱炎、尿道炎、泌尿系统结石、妇女经闭、外阴糜烂、皮肤湿疮。地上部分也入蒙药（蒙药名：高要—巴沙嘎），能凉血、止刺痛、解毒，主治血热、血刺痛、肝热、痧症、产褥热。

（七）王不留行属 Vaccaria Medic

王不留行

Vaccaria segetalis (Neck.) Garcke

蒙名：阿拉坦—谁没给力格—其其格

别名：麦蓝菜

生境：一年生草本植物。生于田边或混生于麦田间，也有少量栽培。

分布：科右前旗、扎赉特旗、突泉县、乌兰浩特市、阿尔山市。

储量：约 10 吨。

药用价值：种子入药（药材名：王不留行），能活血通经、消肿止痛、催生下乳，主治月经不调、乳汁缺乏、难产、痈肿疔毒等。

二十八、睡莲科 Nymphaeaceae

睡莲属 Nymphaea L.

睡莲

Nymphaea tetragona Georgi.

蒙名：朱乐格力格—其其格

生境：多年生、水生草本植物。生于池沼及河湾内。

分布：科右前旗、扎赉特旗。

储量：约 10 吨。

药用价值：花入药，能消暑、解酒、祛风，主治中暑、酒醉、烦渴、小儿惊风。

二十九、金鱼藻科 Ceratophyllaceae

金鱼藻属 Ceratophyllum L.

1. 金鱼藻

Ceratophyllum demersum L.

蒙名：阿拉坦—扎木嘎

别名：松藻

生境：多年生、水生草本植物。生于池沼、湖沼、河流中。

分布：扎赉特旗。

储量：约 10 吨。

药用价值：全草供药用，治内伤吐血。

2. 五刺金鱼藻

Ceratophyllum oryzetorum Kom.

蒙名：他布乐金—阿拉坦—扎木嘎

别名：五针金鱼藻

生境：多年生、水生草本植物。生于湖泊、池塘、河流中。

分布：科右中旗。

储量：约 10 吨。

药用价值：全草供药用，治内伤吐血。

3. 东北金鱼藻

Ceratophyllum manschuricum (Miki) Kitag.

蒙名：满吉—阿拉坦—扎木嘎

生境：多年生、水生草本植物。生于湖沼、池塘、水库中，常与金鱼藻伴生。

分布：科右中旗、乌兰浩特市。

储量：约 10 吨。

药用价值：全草供药用，治内伤吐血。

三十、毛茛科 Ranunculaceae

（一）驴蹄草属 Caltha L.

1. 三角叶驴蹄草（变种）

Caltha palustris L. var. sibirica Regel

蒙名：西伯日—巴拉白

别名：西伯利亚驴蹄草

生境：多年生、轻度耐盐的湿中生草本植物。生于沼泽草甸、盐化草甸、河岸。

分布：科右前旗、扎赉特旗、阿尔山市。

储量：约 10 吨。

药用价值：全草入药，能祛风、散寒，主治头晕目眩、周身疼痛；外用治烧伤、化脓性创伤或皮肤病。

2. 驴蹄草

Caltha palustris L.

蒙名：巴拉白

生境：多年生草本、湿中生植物。生于沼泽草甸、河岸、溪边。

分布：科右前旗、扎赉特旗。

储量：约 10 吨。

药用价值：全草入药，能祛风、散寒，主治头晕目眩、周身疼痛；外用治烧伤、化脓性创伤或皮肤病。

（二）金莲花属 Trollius L.

1. 金莲花

Trollius chinensis Bunge

蒙名：阿拉坦花

生境：多年生草本植物。生于山地林下、林缘草甸、沟谷草甸及其他低湿地草甸、沼泽草甸中，为常见的草甸湿中生伴生植物。

分布：科右中旗。

储量：约 10 吨。

药用价值：花入药，能清热解毒，主治上呼吸道感染，急、慢性扁桃体炎，肠炎、痢疾、疮疖脓肿、外伤感染、急性中耳炎、急性鼓膜炎、急性淋巴管炎；也作蒙医药用（蒙医药名：阿拉坦花—其其格），能止血消炎、愈创解毒，主治疮疖痈疽及外伤等。

2. 短瓣金莲花

Trollius ledebourii Reichb

蒙名：宝古尼—阿拉坦花

生境：多年生、湿中生草本植物。生于河滩草甸、河谷湿草甸及林缘草甸。

分布：科右前旗、扎赉特旗、阿尔山市。

储量：约 10 吨。

药用价值：花入药，能清热解毒，主治上呼吸道感染，急、慢性扁桃体炎，肠炎、痢疾、疮疖脓肿、外伤感染，急性中耳炎、急性鼓膜炎、急性淋巴管炎；也作蒙药用（蒙药名：阿拉坦花—其其格），能止血消炎、愈创解毒，主治疮疖痈疽及外伤等。

（三）升麻属　Cimicifuga L.

1. 兴安升麻

Cimicifuga dahurica (Turcz.) Maxim.

蒙名：布力叶—额布斯、兴安乃—扎白

别名：升麻、窟窿牙根

生境：多年生、中生草本植物。生于山地林下、灌丛或草甸中。

分布：科右前旗、科右中旗、扎赉特旗、阿尔山市。

储量：约 10 吨。

药用价值：根状茎入药（药材名：升麻），能散风清热、升阳透疹，主治风热头痛、麻疹、斑疹不透、胃火牙痛、火泻脱肛、胃下垂、子宫脱垂；也入蒙药（蒙药名：兴安乃—扎白），能解表、解毒，主治胃热、咽喉肿痛、口腔炎、扁桃体炎。

2. 单穗升麻

Cimicifuga simplex Wormsk.

蒙名：当吐如图—扎白

生境：多年生、中生草本植物。生于山地灌丛、林缘草甸及林下。

分布：科右前旗、阿尔山市。

储量：约10吨。

药用价值：根状茎入药（药材名：升麻），能散风清热、升阳透疹，主治风热头痛、麻疹、斑疹不透、胃火牙痛、火泻脱肛、胃下垂、子宫脱垂；也入蒙药（蒙药名：兴安乃—扎白），能解表、解毒，主治胃热、咽喉肿痛、口腔炎、扁桃体炎。

（四）耧斗菜属　Aquilegia L.

耧斗菜

Aquilegia viridiflora Pall.

蒙名：乌日乐其—额布斯

别名：血见愁

生境：多年生、旱中生草本植物。生于石质山坡的灌丛间与基岩露头上及沟谷中。

分布：科右前旗、扎赉特旗、阿尔山市。

储量：约10吨。

药用价值：全草入药，能调经止血、清热解毒，主治月经不调、功能性子宫出血、痢疾、腹痛；也作蒙药用（蒙药名：乌日乐其—额布斯），能调经、治伤、燥“协日乌素”、止痛，主治阴道疾病、死胎、胎衣不下、金伤、骨折。

（五）蓝堇草属 Leptopyrum Reichb.

蓝堇草

Leptopyrum fumarioides (L.) Reichb.

蒙名：巴日巴达

生境：一年生、中生草本植物。生于田野、路边或向阳山坡。

分布：科右前旗。

储量：约10吨。

药用价值：全草入药，可治心血管疾病，有时用于治疗胃肠道疾病和伤寒。

（六）唐松草属 Thalictrum L.

1. 翼果唐松草（变种）

Thalictrum aquileqifolium L. var. sibiricum Regel

蒙名：达拉伯其特—查存—其其格

别名：唐松草、土黄连

生境：多年生、中生草本植物。生于山地林缘及林下。

分布：科右前旗、科右中旗、扎赉特旗、阿尔山市。

储量：约10吨。

药用价值：根入药，能清热解毒，主治目赤肿痛；也作蒙药用（蒙药名：达拉伯其图—查存—其其格）。可治心血管疾病，有时用于治疗胃肠道疾病和伤寒。

2. 球果唐松草

Thalictrum baicalense Turcz.

蒙名：白嘎拉—查存—其其格

别名：贝加尔唐松草

生境：多年生、中生草本植物。生于山地林下、林缘。

分布：科右前旗、扎赉特旗、阿尔山市。

储量：约10吨。

药用价值：根含小檗碱，可代作黄连用。

3. 瓣蕊唐松草

Thalictrum petaloideum L.

蒙名：查存—其其格

别名：肾叶唐松草、花唐松草、马尾黄连

生境：多年生、旱中生草本植物。生于草甸、草甸草原及山地沟谷中。

分布：科右前旗。

储量：约 10 吨。

药用价值：根入药，能清热燥湿、泻火解毒，主治肠炎、痢疾、黄疸、目赤肿痛；也作蒙医药。种子入蒙药（蒙药名：查存—其其格），能消食、开胃，主治肺热咳嗽、咯血、失眠、肺脓肿、消化不良、恶心。

4. 卷叶唐松草（变种）

Thalictrum petaloideum L. var. supradecompositum (Nakai) Kitag.

蒙名：保日吉给日—查存—其其格

别名：蒙古唐松草、狭裂瓣蕊唐松草

生境：多年生、中旱生杂类草。生于干燥草原和沙丘上。

分布：科右前旗、扎赉特旗。

储量：约 10 吨。

药用价值：根入药，能清热燥湿、泻火解毒，主治肠炎、痢疾、黄疸、目赤肿痛；也作蒙医药。种子入蒙药（蒙药名：查存—其其格），能消食、开胃，主治肺热咳嗽、咯血、失眠、肺脓肿、消化不良、恶心。

5. 香唐松草

Thalictrum foetidum L.

蒙名：乌努日特—查存—其其格

别名：腺毛唐松草

生境：多年生、中旱生草本植物。生于山地草原及灌丛中。

分布：科右前旗、突泉县。

储量：约 10 吨。

药用价值：全草可供药用。能清热燥湿、泻火解毒，主治肠炎、痢疾、黄疸、目赤肿痛。

6. 展枝唐松草

Thalictrum squarrosum Steph. et Willd

蒙名：莎格莎嘎日—查存—其其格、汉腾—铁木尔—额布斯

别名：叉枝唐松草、歧序唐松草、坚唐松草

生境：多年生草本植物。生于典型草原、沙质草原群落中。为常见的草原中旱生伴生种植物。

分布：科右前旗、科右中旗。

储量：约 10 吨。

药用价值：全草入药，有毒，能清热解毒、健胃、制酸、发汗，主治夏季头痛、头晕、吐酸水、烧心；也作蒙药（蒙药名：俄勒森—楚苏）。

7. 箭头唐松草

Thalictrum simplex L.

蒙名：楚斯希日—查存—其其格

别名：水黄连、黄唐松草

生境：多年生草本、中生杂类草。生于河滩草甸及山地灌丛、林缘草甸。

分布：科右前旗、科右中旗、阿尔山市。

储量：约 10 吨。

药用价值：全草入药，能清热解毒、消肿、祛湿，主治黄疸、腹痛、泻痢、目赤红肿、咳嗽、气喘；外用治热毒疮；也作蒙药用（蒙药名：查存—其其格）。

8. 短梗箭头唐松草（变种）

Thalictrum simplex L. var. brevipea Hara

蒙名：楚苏

别名：水黄连

生境：多年生、中生草本植物。生于沟谷草甸、丘间草甸、山地林缘及灌丛。

分布：科右前旗、阿尔山市。

储量：约 10 吨。

药用价值：全草入药，能清热、利尿，主治黄疸、腹水、小便不利；外用治眼结膜炎。

9. 欧亚唐松草

Thalictrum minus L.

蒙名：阿翟音—查存—其其格

别名：小唐松草

生境：多年生、中生草本植物。生于山地林缘、林下、灌丛及草甸中。

分布：科右前旗、科右中旗。

储量：约 10 吨。

药用价值：根入药，能清热燥湿、凉血解毒，主治渗出性皮炎、痢疾、肠炎、口舌生疮、结膜炎、扁桃体炎；也作蒙药用（蒙药名：查存—其其格）。

（七）白头翁属 Pulsatilla Adans.

1. 白头翁

Pulsatilla chinensis (Bunge)

蒙名：额格乐—伊日贵

别名：毛姑朵花

生境：多年生、中生草本植物。生于山地林缘和草甸。

分布：科右前旗、科右中旗、阿尔山市。

储量：约10吨。

药用价值：根及根状茎入药，能清热解毒、消炎镇痛、镇静抗痉、收敛止泻，主治痢疾、肠胃炎、气管炎、经血闭止、衄血等症，外用治痔疮肿瘤。

2. 蒙古白头翁

Pulsatilla ambigua Turcz. ex Pritz

蒙名：伊日贵、呼和—高乐贵

别名：北白头翁

生境：多年生、中旱生草本植物。生于山地草原灌丛。

分布：扎赉特旗。

储量：约10吨。

药用价值：根入药（药材名：白头翁），能清热解毒、凉血止痢、消炎退肿，主治细菌性痢疾、阿米巴痢疾、鼻衄、痔疮出血、湿热带下、淋巴结核、疮疡；也作蒙药用（蒙药名：伊日贵—其其格）。

3. 兴安白头翁

Pulsatilla dahurica (Fisch.) Spreng

蒙名：达古日—伊日贵

生境：多年生、中生草本植物。生于河岸草甸、石砾地、林间空地。

分布：科右前旗、扎赉特旗。

储量：约10吨。

药用价值：根及根状茎入药，对治疗阿米巴痢疾功效显著。

4. 朝鲜白头翁

Pulsatilla cernua (Thunb.) Bercht. et Opiz.

蒙名：苏龙古斯—伊日贵

生境：多年生、中生草本植物。生于山坡草地。

分布：科右前旗、扎赉特旗、阿尔山市。

储量：约 10 吨。

药用价值：根及根状茎入药，能止痢、收敛、消炎，治疗阿米巴痢疾有确效，还可治疟疾、金疮、妇女闭经等症。

5. 细叶白头翁

Pulsatilla turczaninovii Kryl. et Serg.

蒙名：古拉盖—花儿、那林—高乐贵

别名：毛姑朵花

生境：多年生草本植物。生于典型草原及森林草原带的草原与草甸草原群落中。

分布：科右前旗、科右中旗、扎赉特旗、阿尔山市。

储量：约 10 吨。

药用价值：根入药（药材名：白头翁），能清热解毒、凉血止痢、消炎退肿，主治细菌性痢疾、阿米巴痢疾、鼻衄、痔疮出血、湿热带下、淋巴结核、疮疡；也作蒙药用（蒙药名：伊日贵）。

（八）水葫芦苗属（碱毛茛属） Halerpestes

1. 水葫芦苗

Halerpestes cymbalaria (Pursh) Greene

蒙名：那木格音—格乐—其其格

别名：圆叶碱毛茛

生境：多年生草本植物。生于低湿地草甸及轻度盐化草甸，为轻度耐盐的中生植物，可成为草甸优势种。

分布：科右前旗、科右中旗、扎赉特旗、阿尔山市。

储量：约 10 吨。

药用价值：全草作蒙药用（蒙药名：格乐—其其格），能利水消肿、祛风除湿，主治关节炎及各种水肿。

2. 黄戴戴

Halerpestes ruthenica (Jacq.) Ovcz.

蒙名：格乐—其其格

别名：金戴戴、长叶碱毛茛

生境：多年生草本植物，轻度耐盐的中生植物，生于各种低湿地草甸及轻度盐化草甸，可成为草甸优势种，并常与水葫芦苗在同一群落中混生。

分布：科右前旗、科右中旗、扎赉特旗。

储量：约 10 吨。

药用价值：蒙医称此草治咽喉病。

（九）毛茛属 Ranunculus L.

1. 石龙芮

Ranunculus sceleratus L.

蒙名：乌热乐和格—其其格

生境：一、二年生，湿生草本植物。生于沼泽草甸及草甸。

分布：科右前旗、阿尔山市。

储量：约 10 吨。

药用价值：全草入药，有毒（花期毒性最剧烈，植物干后毒性消失），能沮肿、拔毒、散结、截疟，外用治淋巴结核、疟疾、蛇咬伤、慢性下肢溃疡；本品不能内服；也作蒙药用（蒙药名：乌热乐和格—其其格）。

2. 毛茛

Ranunculus japonicus Thunb.

蒙名：好乐得存—其其格

生境：多年生、中生草本植物。生于山地林缘草甸、沟谷草甸、沼泽草甸中。

分布：科右前旗、科右中旗、扎赉特旗、阿尔山市。

储量：约 10 吨。

药用价值：全草入药，有毒，能利湿、消肿、止痛、退翳、截疟，外用治胃痛、黄疸、疟疾、淋巴结核、角膜云翳；也作蒙药用（蒙药名：好乐得存—其其格）。

3. 匍枝毛茛

Ranunculus repens L.

蒙名：哲乐图—好乐得存—其其格

别名：伏生毛茛

生境：多年生、湿中生草本植物。生于草甸、沼泽草甸。

分布：科右前旗、阿尔山市。

储量：约 10 吨。

药用价值：国外民间治瘰疬及止血。

4. 回回蒜

Ranunculus chinensis Bunge

蒙名：乌斯图—好得乐存—其其格

别名：回回蒜毛茛、野桑葚

生境：多年生、湿中生草本植物。生于河滩草甸、沼泽草甸。

分布：科右前旗、科右中旗、阿尔山市。

储量：约 10 吨。

药用价值：全草入药，有毒，能消炎退肿、平喘、截疟；外用治肝炎、哮喘、疟疾、角膜云翳及牛皮癣。

（十）铁线莲属 Clematis L.

1. 棉团铁线莲

Clematis hexapetala Pall.

蒙名：依日绘、哈得衣日音—查干—额布斯

别名：山蓼、山棉花

生境：多年生、中旱生草本植物。生于典型草原、森林草原及山地草原带的草原及灌丛群落中。

分布：科右前旗、科右中旗、扎赉特旗、突泉县、乌兰浩特市、阿尔山市。

储量：约 15 吨。

药用价值：根入药（药材名：威灵仙），能祛风湿、疏经络、止痛，主治风湿性关节炎、手足麻木、偏头痛、鱼骨哽喉；也作蒙药用（蒙药名：依日绘），能消食、健胃、散结，主治消化不良、肠痛，外用除疮、排脓。

2. 短尾铁线莲

Clematis brevicaudata DC.

蒙名：绍得给日—奥日牙木格

别名：林地铁线莲

生境：多年生藤本、中生植物。生于山地林下、林缘及灌丛中。

分布：科右前旗、科右中旗、扎赉特旗、阿尔山市。

储量：约 10 吨。

药用价值：根及茎入药，有小毒，利尿消肿，主治浮肿、小便不利、尿血；也作蒙药用（蒙药名：绍得给日—奥日牙木格）。

3. 长瓣铁线莲

Clematis macropetala Ledeb.

蒙名：淘木—和乐特斯图—奥日牙木格

别名：大萼铁线莲、大瓣铁线莲

生境：藤本、中生植物。生于山地林下、林缘草甸。

分布：科右前旗、科右中旗、阿尔山市。

储量：约 10 吨。

药用价值：全草入蒙医药，能消食、健胃、散结，主治消化不良、肠痛，外用除疮、排脓。

4. 芹叶铁线莲

Clematis aethusifolia Turcz.

蒙名：那林—那布其特—奥日牙木格

生境：草质藤本、旱中生植物。生于石质山坡及沙地柳丛中，也见于河谷草甸。

分布：科右前旗。

储量：约 10 吨。

药用价值：全草入药，有毒，能祛风除湿、活血止痛，主治风湿性腰腿痛，多作外洗药；也作蒙药用（蒙药名：查干牙芒），能消食、健胃、散结，主治消化不良、肠痛，外用除疮、排脓。

（十一）翠雀属 Delphinium L.

翠雀

Delphinium grandiflorum L.

蒙名：伯日—其其格

别名：大花飞燕草、鸽子花、摇咀咀草

生境：多年生、旱中生草本植物。生于森林草原、山地草原及典型草原带的草甸草原、沙质草原及灌丛中，也可生于山地草甸及河谷草甸，是草甸草原的常见杂类草。

分布：科右前旗、科右中旗、扎赉特旗、突泉县、阿尔山市。

储量：约 15 吨。

药用价值：全草入药，有毒，能泻火止痛、杀虫；外用治牙痛、关节疼痛、疮痈溃疡、灭虱；也可作蒙药（蒙药名：扎杠），治肠炎、腹泻。

（十二）乌头属 Aconitum L.

1. 紫花高乌头

Aconitum excelsum Reichb.

蒙名：宝日—好日苏

生境：多年生、中生草本植物。生于林下及林缘草甸。

分布：科右前旗、阿尔山市。

储量：约 10 吨。

药用价值：全草作蒙药用（蒙药名：嘎布日地劳），能清肺热，主治肺热咳嗽、气管炎。

2. 草乌头

Aconitum kusnezoffii Reichb.

蒙名：曼钦、哈日—好日苏

别名：北乌头、草乌、断肠草

生境：多年生、中生草本植物。生于阔叶林下、林缘草甸及沟谷草甸。

分布：科右前旗、科右中旗、阿尔山市。

储量：约 10 吨。

药用价值：块根和叶入药，块根（药材名：草乌）有大毒，能祛风散寒、除湿止痛，主治风湿性关节疼痛、半身不遂、手足拘挛、心腹冷痛；也作蒙药用（蒙药名：奔瓦），叶（蒙医药名：奔瓦音—拿布其）能清热、止痛，主治肠炎、痢疾、头痛、牙痛、白喉等。

3. 西伯利亚乌头（变种）

Aconitum barbatum Pers. var. hispidum (DC.)

蒙名：西伯日—好日苏

别名：牛扁、黄花乌头、黑大艽、瓣子艽

生境：多年生草本、中生植物。生于山地林下、林缘及中生灌丛。

分布：科右中旗。

储量：约 10 吨。

药用价值：根入药，有毒，能祛风湿、镇痛、攻毒杀虫，主治腰腿痛、关节肿痛、瘰疬、疮癣；也作蒙药用（蒙药名：西伯日—泵阿），能杀“黏”、止痛、燥“协日乌素”，主治瘟疫、肠刺痛、阵刺痛、丹毒、痧症、结喉、发症、痛风、游痛症、中风、牙痛。

（十三）芍药属　Paeonia L.

芍药

Paeonia lactiflora Pall.

蒙名：查那—其其格

生境：多年生、旱中生草本植物。生于山地和石质丘陵的灌丛、林缘、山地草甸及草甸草原群落中。

分布：科右前旗、科右中旗、扎赉特旗、突泉县、阿尔山市。

储量：约 20 吨。

药用价值：根入药（药材名：赤芍），能清热凉血、活血散瘀，主治血热吐衄、肝火目赤、血瘀痛经、月经闭止、疮疡肿毒、跌打损伤；也作蒙药用（蒙药名：乌兰—察那），能活血、凉血、散瘀，主治血热、血瘀痛经。

三十一、小檗科　Berberidaceae

小檗属　Berberis L.

刺叶小檗

Berberis sibirica

蒙名：西伯日—希日—毛都

生境：旱中生落叶灌木。在森林区及高山带的碎石坡地和陡峭的山坡上成丛生长。

分布：分布于科右前旗、阿尔山市。

储量：约 10 吨。

药用价值：根皮和茎入蒙医药（蒙医药名：乌日格图—希

日—毛都），能燥“协日乌素”、清热、解毒、止泻、止血、明目，主治痛风、游痛症、秃疮、癣疥、麻风病、皮肤瘙痒、毒热、鼻衄、吐血、月经过多、便血、火眼、眼白斑、肾热、遗精。

三十二、防己科　Menispermaceae

蝙蝠葛属　Menispermum L.

蝙蝠葛

Menispermum dauricum DC.

蒙名：哈日—敖日阳古

别名：山豆根、苦豆根、山豆秧根

生境：缠绕性落叶灌木、中生植物。生于山地林缘、灌丛、沟谷。

分布：科右前旗、阿尔山市。

储量：约10吨。

药用价值：根和根状茎入药（药材名：北豆根），能清热解毒、消肿止痛、利咽、通便、抗癌，主治急性咽喉口腔肿痛、扁桃体炎、牙龈肿痛、肺热咳嗽、湿热黄疸、痈疖肿毒、便秘、食管癌、胃癌。根和根状茎也入蒙药（蒙药名：哈日—敖日阳古），能清热、止渴、祛“协日乌素”，主治骨热、丹毒、口渴、皮肤病、热性“协日乌素”、血热。

三十三、木兰科　Magnoliaceae

五味子属　Schisandra Michx.

五味子

Schisandra chinensis (Turcz.) Baill.

蒙名：乌拉勒吉嘎纳

别名：北五味子、辽五味子、山花椒秧

生境：耐阴中生、落叶木质藤本植物。生于阴坡湿的山沟、灌丛或林下。

分布：科右前旗、扎赉特旗、突泉县、阿尔山市。

储量：约10吨。

药用价值：果实入药，能敛肺、滋肾、止汗、涩精，主治肺虚喘咳、自汗、盗汗、遗精、久泻、神经衰弱、心肌乏力、过劳嗜睡等症，并有兴奋子宫、促进子宫收缩的作用。果实也入蒙药（蒙药名：乌拉乐吉甘），能止泻、止呕、平喘、开欲，主治寒下呕吐、久泻不止、胃寒、嗳气、肠刺痛、久咳气喘。

三十四、罂粟科 Papaveraceae

（一）白屈菜属 Chelidonium L.

白屈菜

Chelidonium majus L.

蒙名：希古得日格纳 希日—好口

别名：山黄连

生境：多年生、中生草本植物。生于山地林缘，林下、沟谷溪边。

分布：科右前旗、科右中旗、扎赉特旗、阿尔山市。

储量：约10吨。

药用价值：全草入药，有毒，能清热解毒、止痛、止咳，主治胃炎、胃溃疡、腹痛、肠炎、痢疾、黄疸、慢性支气管炎、百日咳，外用治水田皮炎、毒虫咬伤；全草也入蒙药（蒙药名：希古得日格纳），能清热、解毒、燥脓、治伤，主治瘟疫热、结喉、发症、麻疹、肠刺痛、金伤、火眼。

（二）罂粟属　Papaver L.

野罂粟

Papaver nudicaule L. S

蒙名：哲日利格—阿木—其其格

别名：野大烟、山大烟

生境：多年生、旱中生草本植物。生于山地林缘、草甸、草原、固定沙丘。

分布：科右前旗、科右中旗、阿尔山市。

储量：约 10 吨。

药用价值：果实入药（药材名：山米壳），能敛肺止咳、涩肠、止泻，主治久咳、久泻、脱肛、胃痛、神经性头痛。花入蒙药（蒙药名：哲日利格—阿木—其其格），能止痛。

（三）紫堇属　Corydalis DC.

北紫堇

Corydalis sibirica (L. f.) Pers.

蒙名：西伯日—萨巴乐干纳

生境：一年生或二年生草本、中生植物。生于林下、河谷溪边。

分布：科右前旗、阿尔山市。

储量：约 10 吨。

药用价值：全草入蒙药（蒙药名：西伯日—好如海—其其格），能清热、治伤、消肿，主治“黏”热、流感、隐热。

三十五、十字花科 Cruciferae

（一）菘蓝属 Isatis L.

菘蓝

Isatis indigotica Fort.

蒙名：呼和—呼呼日格纳

别名：大青、靛青

生境：二年生草本植物。有栽培。

分布：科右前旗、科右中旗、扎赉特旗、突泉县、乌兰浩特市、阿尔山市。

储量：约 10 吨。

药用价值：根及叶入药，根（药材名：板蓝根）能清热解毒、凉血，主治咽喉肿痛、腮腺炎、丹毒、黄疸热痢、感冒风热；叶（药材名：大叶青）能清热、解毒、凉血，主治时行热病，湿毒斑疹、丹毒脓肿。叶入蒙药（蒙药名：呼和—那布其），能杀“黏”、清热、解毒，主治流感、瘟热。

（二）遏蓝菜属 Thlaspi L.

1. 遏蓝菜

Thlaspi arvense L.

蒙名：淘力都—额布苏

别名：菥蓂

生境：一年生、中生草本植物。生于山地草甸、沟边、村庄附近。

分布：科右前旗、阿尔山市。

储量：约 10 吨。

药用价值：全草和种子入药，全草能和中开胃、清热解毒，主治消化不良、子宫出血、疖疮痈肿；种子（药材名：菥蓂子）能清肝明目、强筋骨，主治风湿性关节痛、目赤肿痛。种子入蒙药（蒙药名：恒日格—额布斯），能清热、解毒、强身壮体、开胃、利水、消肿，主治肺热、肾热、肝炎、腰腿痛、恶心、睾丸肿痛、遗精、阳痿。

2. 山遏蓝菜

Thlaspi thlaspidioides (Pall.) Kitag.

蒙名：乌拉音—淘力都—额布苏

别名：山菥蓂

生境：多年生、砾石生旱生草本植物。生于山地石质山坡或石缝间。

分布：科右前旗、阿尔山市。

储量：约 10 吨。

药用价值：种子入蒙药（蒙药名：乌拉音—恒日格—额布斯），能清热、解毒、开胃、利水、消肿，主治肺热、肾热、肝炎、腰腿痛、恶心、睾丸肿痛、遗精、阳痿。

（三）独行菜属　Lepidium L.

1. 宽叶独行菜

Lepidium latifolium L.

蒙名：乌日根—昌古

别名：羊辣辣

生境：多年生草本、耐盐中生杂草。生于村舍旁、田边、路旁、渠道边及盐化草甸等。

分布：科右前旗、科右中旗、扎赉特旗、突泉县、乌兰浩特市、阿尔山市。

储量：约 15 吨。

药用价值：全草入药，能清热燥湿，主治菌痢、肠炎。

2. 独行菜

Lepidium apetalum Willd.

蒙名：昌古

别名：腺茎独行菜、辣辣根、辣麻麻

生境：一年生或二年生草本、旱中生杂草。轻度耐盐碱。生于村边、路旁、田间撂荒地，也生于山地、沟谷。

分布：科右前旗、科右中旗、扎赉特旗、突泉县、乌兰浩特市、阿尔山市。

储量：约 15 吨。

药用价值：全草及种子入药，全草能清热利尿、通淋，主治肠炎腹泻、小便不利、血淋、水肿等。种子（药材名：葶苈子）能祛痰定喘、泻肺利水，主治肺痈、喘咳痰多、胸肋满闷、水肿、小便不利等。种子入蒙药（蒙药名：汉毕勒），能清讧热、解毒、止咳、化痰、平喘，主治毒热、气血相讧、咳嗽气喘、血热。

（四）荠属　Capsella Medic.

荠

Capsella bursa-pastoris (L.) Medic.

蒙名：阿布嘎

别名：荠菜

生境：一年生或二年生草本、中生杂草。生于田边、村舍附近或路旁。

分布：科右前旗、扎赉特旗、乌兰浩特市。

储量：约 10 吨。

药用价值：全草及根入药，全草能凉血止血、清热利尿、明目、消积，主治咯血、肠出血、子宫出血、月经过多、肾炎水肿、乳糜尿、肠炎、高血压、头痛、目病、视网膜出血；根治赤白痢、结膜炎；果实入蒙药（蒙药名：阿布嘎），能止呕、降压、利尿，主治呕吐、水肿、小便不利、脉热。

（五）碎米荠属　Cardamine L.

1. 水田碎米荠

Cardamine lyrata Bunge

蒙名：奥存—照古其

别名：水田芥

生境：多年生、湿中生草本植物。生于沟谷、湿地、溪边。

分布：科右前旗、阿尔山市。

储量：约 10 吨。

药用价值：能清热除湿。

2. 白花碎米荠

Cardamine leucantha (Tausch) O. E. Schulz

蒙名：查干—照古其

生境：多年生、中生草本植物。生于林下、林缘、灌丛下、湿草地。

分布：扎赉特旗。

储量：约 10 吨。

药用价值：根状茎入药，能解痉镇咳、活血止痛，主治百日咳、跌打损伤。

3. 草甸碎米荠

Cardamine pratensis L.

蒙名：诺古音—照古其

生境：多年生、湿中生草本植物。生于林区湿草地、塔头甸子。

分布：科右前旗、阿尔山市。

储量：约 10 吨。

药用价值：叶含有抗坏血病的物质。

（六）播娘蒿属 Descurainia Webb. et Berth.

播娘蒿

Descurainia sophia (L.) Webb. ex Prantl

蒙名：希热乐金—哈木白

别名：野芥菜

生境：一年生或二年生草本植物。中生杂草。生于山地草甸、沟谷、村旁、田边。

分布：科右前旗、科右中旗、扎赉特旗、阿尔山市。

储量：约 10 吨。

药用价值：种子入药（药材名：葶苈子），能行气、利尿消肿、止咳平喘、祛痰，主治喘咳痰多、胸肋满闷、水肿、小便不利。种子也入蒙药（蒙药名：汉毕勒），能清讧热、解毒、止咳、化痰、平喘，主治毒热、气血相讧、咳嗽气喘、血热。

（七）糖芥属 Erysimum L.

小花糖芥

Erysimum cheiranthoides L.

蒙名：高恩淘格

别名：桂竹香糖芥

生境：一年生或二年生、中生草本植物。生于山地林缘、草原、草甸、沟谷。

分布：科右前旗、科右中旗、扎赉特旗、阿尔山市。

储量：约 10 吨。

药用价值：全草入药，能强心利尿、健脾和胃、消食，主治心悸、浮肿、消化不良。种子入蒙药（蒙药名：乌兰—高恩淘格），能清热、解毒、止咳、化痰、平喘，主治毒热、咳嗽气喘、血热。

（八）南芥属 Arabis L.

粉绿垂果南芥（变种）

Arabis pendula L. var. hypoglauca Franch.

蒙名：柴布日—诺干—文吉格日—少布都海

生境：一年生或二年生、中生草本植物。生于山地林缘、灌丛下、沟谷、河边。

分布：科右前旗、科右中旗、扎赉特旗、阿尔山市。

储量：约 10 吨。

药用价值：果实入药，能清热解毒、消肿，主治疮痈中毒。

三十六、景天科 Crassulaceae

（一）瓦松属 Orostachys (DC.) Fisch.

1. 瓦松

Orostachys fimbriatus (Turcz.) Berger

蒙名：斯琴—额布斯、爱日格—额布斯

别名：酸溜溜、酸窝窝

生境：二年生、肉质砾石生旱生草本植物。生于石质山坡、石质丘陵及沙质地。常在草原植被中零星生长，在一些石质丘顶可形成小群落片段。

分布：科右前旗、科右中旗、扎赉特旗、突泉县、乌兰浩特市、阿尔山市。

储量：约 10 吨。

药用价值：全草入药，能活血、止血、敛疮；内服治痢疾、便血、子宫出血；鲜品捣烂或焙干研末外敷，可治疮口久不愈合；煎汤含漱，治齿龈肿痛。全草也入蒙药（蒙药名：萨产—额布斯），能清热、解毒、止泻，主治血热、毒热、热性泻下、便血。据记载本品有毒，应慎用。

2. 狼爪瓦松

Orostachys cartilaginea A. Bor.

蒙名：查干—斯琴—额布斯

别名：辽瓦松、瓦松、干滴落

生境：二年生草本、肉质旱生植物。生于石质山坡。

分布：科右前旗、科右中旗。

储量：约10吨。

药用价值：全草入蒙药（蒙药名：爱日格—额布斯），能清热、解毒、止泻，主治血热、毒热、热性泻下、便血。据记载本品有毒，应慎用。

3. 钝叶瓦松

Orostachys malacophylla (Pall.) Fisch.

蒙名：矛回日—斯琴—额布斯、矛回日—爱日格—额布斯

生境：二年生草本、肉质野生植物。生于山地、丘陵的砾石质坡地及平原的沙质地。常为草原及草甸草原植被的伴生植物。

分布：科右前旗、科右中旗、扎赉特旗。

储量：约10吨。

药用价值：全草入药，能活血、止血、敛疮；内服治痢疾、便血、子宫出血；鲜品捣烂或焙干研末外敷，可治疮口久不愈合；煎汤含漱，治齿龈肿痛。全草也入蒙药（蒙药名：萨产—额布斯），能清热、解毒、止泻，主治血热、毒热、热性泻下、便血。据记载本品有毒，应慎用。

4. 黄花瓦松

Orostachys spinosa (L.) Sweet

蒙名：希日—斯琴—额布斯

生境：二年生草本、肉质野生植物。生于山坡石缝中及林下岩石上。在草甸草原及草原石质山坡植被中常为伴生种。

分布：科右前旗、扎赉特旗。

储量：约10吨。

药用价值：全草入药，能活血、止血、敛疮；内服治痢疾、便血、子宫出血；鲜品捣烂或焙干研末外敷，可治疮口久不愈合；煎汤含漱，治齿龈肿痛。全草也入蒙药（蒙药名：萨产—额布斯），能清热、解毒、止泻，主治血热、毒热、热性泻下、便血。据记载本品有毒，应慎用。

（二）红景天属　Rhodiola L.

小丛红景天

Rhodiola dumulosa (Franch.) S. H. Fu

蒙名：宝他—刚那古日—额布斯

别名：凤尾七、凤凰草、香景天

生境：多年生、旱中生肉质草本植物。生于山地阳坡及山脊的岩石裂缝中。

分布：科右前旗、科右中旗。

储量：约 10 吨。

药用价值：全草入药，能养心安神、滋阴补肾、清热明目，主治虚损、劳伤、干血痨及妇女月经不调等。根入蒙药（蒙药名：乌兰—矛钙—伊得），能清热、滋补、润肺，主治肺热、咳嗽、气喘、感冒发烧。

（三）景天属　Sedum L.

1. 费菜

Sedum aizoon L.

蒙名：矛钙—伊得

别名：土三七、景天三七、见血散

生境：多年生、旱中生草本植物。生于石质山地疏林、灌丛、林间草甸及草甸草原，为偶见伴生种植物。

分布：科右前旗、阿尔山市。

储量：约 10 吨。

药用价值：根及全草入药，能散瘀止血、安神镇痛，主治血小板减少性紫癜、衄血、吐血、咯血、便血、齿龈出血、子宫出血、心悸、烦躁、失眠；外用治跌打损伤、外伤出血、烧烫伤、疮疖痈肿等症。

2. 堪察加景天

Sedum kamtschaticum Fisch.

蒙名：乌拉布日—矛钙—伊得

别名：费菜、北景天、横根费菜

生境：多年生、旱中生草本植物。生于山地岩石缝或沟谷。

分布：科右前旗、阿尔山市。

储量：约10吨。

药用价值：全草或根入药，能活血、止血、宁心、利湿、消肿、解毒，主治跌打损伤、咯血、吐血、便血、心悸、痈肿；外用治跌打损伤、外伤出血、烧烫伤。

三十七、虎耳草科　Saxifragaceae

（一）扯根菜属　Penthorum L.

扯根菜

Penthorum chinense Pursh.

蒙名：他布嘎日苏

生境：多年生、湿中生草本植物。生于溪边湿地、沟渠旁。

分布：扎赉特旗、乌兰浩特市。

储量：约10吨。

药用价值：全草入药，能活血、行水，主治经闭、水肿、血崩、带下、跌打损伤。

（二）梅花草属 Parnassia L.

梅花草

Parnassia palustris L.

蒙名：孟根—地格达

别名：苍耳七

生境：多年生、湿中生草本植物。多在林区及草原带山地的沼泽化草甸中零星生长。

分布：科右前旗、科右中旗、扎赉特旗、突泉县、阿尔山市。

储量：约 10 吨。

药用价值：全草入药，能清热解毒、止咳化痰，主治细菌性痢疾、咽喉肿痛、百日咳、咳嗽多痰等。全草入蒙药（蒙医药名：孟根—地格达），能破痞、清热，主治间热痞、内热痞、脉痞、脏腑“协日”病。

三十八、蔷薇科 Rosaceae

（一）绣线菊属 Spiraea L.

绣球绣线菊

Spiraea blumei G. Don.

蒙名：布木布格力格—塔比勒干纳

别名：珍珠绣球

生境：灌木、中生植物。生于山坡、林缘或路旁。

分布：科右前旗、扎赉特旗。

储量：约 10 吨。

药用价值：根或根皮入药，能调气、止痛、散瘀利湿，主治跌打损伤、瘀血、疼痛。

（二）珍珠梅属　Sorbaria (Ser.) A. Br. ex Aschers.

珍珠梅

Sorbaria sorbifolia (L.) .A. Br.

蒙名：苏布得力格—其其格

别名：东北珍珠梅、华楸珍珠梅

生境：中生灌木。散生于山地林缘，有时形成群落片段，也少量见于林下、路旁、沟边及林缘草甸。

分布：科右前旗、突泉县、阿尔山市。

储量：约 10 吨。

药用价值：茎皮、枝条和果穗入药，能活血散瘀、消水肿、止痛，主治骨折、跌打损伤、风湿性关节炎。

（三）山楂属　Crataegus L.

山楂

Crataegus pinnatifida Bge.

蒙名：道老纳

别名：山里红、裂叶山楂

生境：中生落叶阔叶乔木。稀见于森林区或森林草原区的山地沟谷。

分布：科右前旗、科右中旗、扎赉特旗、突泉县、阿尔山市。

储量：约 15 吨。

药用价值：果实入药，能消食化滞、散瘀止痛，主治食积、消化不良、小儿疳积、细菌性痢疾、肠炎、产后腹痛、高血压等症；叶煎水当茶饮，可降血压；根可治风湿性关节炎、痢疾、水肿。

（四）花楸属　Sorbus L.

花楸树

Sorbs pohuashanensis (Hance) Hedl.

蒙名：好日图—保日—特斯

别名：山槐子、百华花楸、马加木

生境：中生落叶阔叶乔木。喜湿润土壤，生于山地阴坡、溪涧或疏林中。

分布：科右前旗、突泉县、阿尔山市。

储量：约 10 吨。

药用价值：果实、茎、皮入药，能清热止咳、补脾生津，主治肺结核、哮喘、咳嗽、胃痛等症。

（五）蔷薇属　Rosa L.

山刺玫

Rosa davurica Pall.

蒙名：扎木日

别名：刺玫果

生境: 落叶、中生灌木。见于落叶阔叶林地带或草原带的山地，生于林下、林缘及石质山坡，亦见于河岸沙质地，为山地灌丛的建群种或优势种，多呈团块状分布。

分布：科右前旗、科右中旗、扎赉特旗、突泉县、阿尔山市。

储量：约 20 吨。

药用价值：花、果入药，花能理气、活血、调经、健脾，主治消化不良、气滞腹胀、月经不调；果能养血活血，主治脉管炎、高血压、头晕；根能止咳祛痰、止痢、止血，主治慢性支气管炎、肠炎、细菌性痢疾、功能性子宫出血、跌打损伤。果实入蒙药（蒙药名：吉日乐格—扎木日），能清热、解毒、清“黄水”，主治毒热、热性“黄水”病、肝热、青腿病。

（六）龙牙草属 Agrimonia L.

龙牙草

Agrimonia pilosa Ledeb.

蒙名：淘古日—额布斯

别名：仙鹤草、黄龙尾

生境：多年生、中生草本植物。散生于林缘草甸、低湿地草甸、河边、路旁；主要见于落叶阔叶林地区，往南可进入常绿阔叶林北部。

分布：科右前旗、科右中旗、扎赉特旗、阿尔山市。

储量：约 10 吨。

药用价值：全草入药，能收敛止血、益气补虚，主治各种出血症，或中气不足、劳伤脱力、肺虚劳嗽等症。冬芽与根茎能驱虫，主治绦虫、阴道滴虫。

（七）地榆属 Sanguisorba L.

地榆

Sanguisorba officinalis L.

蒙名：苏都—额布斯

别名：蒙古枣、黄瓜香

生境：多年生、中生草本植物。为林缘草甸（五花草塘）的优势种和建群种，是森林草原地带起重要作用的杂类草，生态幅度比较广，在落叶阔叶林中可生于林下，在草原区则见于河滩草甸及草甸草原中，但分布最多的是森林草原地带。

分布：科右前旗、科右中旗、扎赉特旗、突泉县、乌兰浩特市、阿尔山市。

储量：约 25 吨。

药用价值：根入药，能凉血止血、消肿止痛、并有降压作用，主治便血、血痢、尿血、崩漏、疮疡肿毒及烫火伤等症。

（八）悬钩子属　Rubus L.

1. 北悬钩子

Rubus arcticus L.

蒙名：堆衣林—布格日勒哲根

生境：多年生、中生草本植物。生于白桦林下、灌丛下、草甸。海拔 700~1200 米。

分布：科右前旗、阿尔山。

储量：约 15 吨。

药用价值：茎枝入蒙药（蒙药名：奥木日阿特音—博格日乐吉根），能解表、止咳、调元，主治瘟疫、讧热、感冒、肺热咳嗽、气喘。

2. 库页悬钩子

Rubus sachalinensis Leveille

蒙名：矛日音—布格日勒哲根、矛日音—布勒吉日根

别名：沙窝窝

生境：中生灌木。生于山地林下、林缘灌丛、林间草甸和山沟。

分布：科右前旗、科右中旗、阿尔山市。

储量：约 15 吨。

药用价值：果可代覆盆子入药，茎、枝能祛风湿，主治风湿性腰腿痛。茎枝入蒙药（蒙药名：布格日勒吉根），能解表、止咳、调元，主治瘟疫、讧热、感冒、肺热咳嗽、气喘。

（九）水杨梅属　Geum L.

水杨梅

Geum aleppicum Jacq.

蒙名：高哈图如

别名：路边青

生境：多年生、中生草本植物，喜湿润。散生于林缘草甸、河滩沼泽草甸、河边。

分布：科右前旗、科右中旗、扎赉特旗、阿尔山市。

储量：约 50 吨。

药用价值：全草入药，能清热解毒、利尿、消肿止痛、解痉，主治跌打损伤、腰腿疼痛、疔疮肿毒、痈疽发背、痢疾、小儿惊风、脚气、水肿等症。

（十）委陵菜属　Potentilla L.

1. 金露梅

Potentilla fruticosa L.

蒙名：乌日阿拉格

别名：金老梅、老鸹爪

生境：较耐寒的中生灌木。为山地河谷沼泽灌丛的建群种或伴生种，也常散生于落叶松林及云杉林下的灌木层中。

分布：科右前旗、科右中旗、阿尔山市。

储量：约 50 吨。

药用价值：花、叶入药，能健脾化湿、清暑、调经，主治消化不良、中暑、月经不调。花入蒙药（蒙药名：乌日阿拉格），润肺、消食、消肿，主治乳腺炎、消化不良、咳嗽。

2. 银露梅

Potentilla glabra Lodd.

蒙名：孟根—乌日阿拉格

别名：银老梅、白花棍儿茶

生境：耐寒的中生灌木。生于海拔较高的山地灌丛中。

分布：科右前旗、科右中旗、扎赉特旗、阿尔山市。

储量：约 10 吨。

药用价值：花、叶入药，能健脾化湿、清暑、调经，主治消化不良、中暑、月经不调。花入蒙药（蒙药名：孟根—乌日阿拉格），润肺、消食、消肿，主治乳腺炎、消化不良、咳嗽。

3. 三出委陵菜

Potentilla betonicifolia Poir.

蒙名：沙嘎吉钙音—萨日布

别名：白叶委陵菜、三出叶委陵菜、白萼委陵菜

生境：多年生、石砾生草原旱生草本植物。生于向阳石质山坡、石质丘顶及粗骨性土壤上。可在砾石丘顶形成群落片段。

分布：科右前旗、科右中旗、扎赉特旗。

储量：约30吨。

药用价值：地上部分入药，能消肿利水，主治水肿。

4. 鹅绒委陵菜

Potentilla anserina L.

蒙名：陶来音—汤乃

别名：河篦梳、蕨麻委陵菜、曲尖委陵菜

生境：多年生、中生耐盐匍匐草本植物。为河滩及低湿地草甸的优势种植物，常见于苔草草甸、矮杂类草草甸、盐化草甸、沼泽化草甸等群落中，在灌溉农田中也可成为农田杂草。

分布：科右前旗、科右中旗、扎赉特旗、突泉县、乌兰浩特市、阿尔山市。

储量：约50吨。

药用价值：根及全草入药，能凉血止血、解毒止痢、祛风湿，主治各种出血、细菌性痢疾、风湿性关节炎等。全草入蒙药（蒙药名：陶来音—汤乃），能止泻，主治痢疾、腹泻。

5. 二裂委陵菜

Potentilla bifurca L.

蒙名：阿叉—陶来音—汤乃

别名：叉叶委陵菜

生境：多年生草本或亚灌木，广幅耐旱植物。是干草原及草

甸草原的常见伴生种，在荒漠草原带的小型凹地、草原化草甸、轻度盐化草甸、山地灌丛、林缘、农田、路旁等生境中也常有零星生长。

分布：科右前旗、科右中旗、扎赉特旗、突泉县、乌兰浩特市、阿尔山市。

储量：约 50 吨。

药用价值：在植物基部有时由幼芽密集而形成红紫色的垫状丛，称“地红花”，可入药，能止血，主治功能性子宫出血、产后出血过多。

6. 高二裂委陵菜

Potentilla bifurca L. var. major Ledeb.

蒙名：陶日格—阿叉—陶来音—汤乃班木毕日

别名：长叶二裂委陵菜

生境：植株较高大的旱中生植物。生于耕地道旁、河滩沙地、山坡草地。

分布：科右前旗、科右中旗。

储量：约 30 吨。

药用价值：在植物基部有时由幼芽密集而形成红紫色的垫状丛，称“地红花”，可入药，能止血，主治功能性子宫出血、产后出血过多。

7. 菊叶委陵菜

Potentilla tanacetifolia Willd. ex Schlecht.

蒙名：希日勒金—陶来音—汤乃

别名：高叶委陵菜、沙地委陵菜

生境：多年生、中旱生草本植物。为典型草原和草甸草原的常见伴生植物。

分布：科右前旗、科右中旗、扎赉特旗、阿尔山市。

储量：约 50 吨。

药用价值: 全草入药,能清热解毒、消炎止血,主治肠炎、痢疾、吐血、便血、感冒、肺炎、疮痈肿毒。

8. 翻白草

Potentilla discolor Bge

蒙名：阿拉格—陶来音—汤乃

别名：翻白委陵菜

生境：多年生、中生草本植物。生于草甸、山坡草地、疏林下。

分布：科右前旗、扎赉特旗。

储量：约 10 吨。

药用价值：根和全草入药，能清热解毒、凉血止血，主治痈疮、疔肿、吐血、便血、妇女血崩、疟疾、阿米巴痢疾、小儿疳积。

9. 多裂委陵菜

Potentilla multifida L.

蒙名：奥尼图—陶来音—汤乃

别名：细叶委陵菜

生境：多年生、中生草本植物。生于山坡草地、林缘。

分布：科右前旗、科右中旗、阿尔山市。

储量：约 20 吨。

药用价值：全草入药，有止血、杀虫、祛湿热的作用。

10. 大萼委陵菜

Potentilla conferta Bunge

蒙名：都如特—陶来音—汤乃

别名：白毛委陵菜、大头委陵菜

生境：多年生、旱生草本植物。常见的草原伴生种植物，生于典型草原及草甸草原。

分布：科右前旗、科右中旗。

储量：约15吨。

药用价值：根入药，能清热、凉血、止血，主治功能性子宫出血、鼻衄。

11. 委陵菜

Potentilla chinensis Ser.

蒙名：希林—陶来音—汤乃

生境：多年生、中旱生草本植物。为草原、草甸草原的偶见伴生种，也见于山地、林缘、灌丛中。

分布：科右前旗、科右中旗、扎赉特旗、阿尔山市。

储量：约20吨。

药用价值：全草入药，能清热解毒、止血止痢，主治痢疾、肠炎、吐血、便血、百日咳、关节炎、痈疖肿毒等。

（十一）沼委陵菜属 Comarum L.

沼委陵菜

Comarum Palustre L.

蒙名：哲德格乐吉

生境：多年生、草本湿生植物。生于沼泽、下湿草甸。

分布：阿尔山市。

储量：约10吨。

药用价值：根状茎治疗腹泻，其浸剂治疗胃癌和乳腺癌，叶煎剂外用洗伤口与促进愈合；全草治疗肺结核、血栓性静脉炎、黄疸、神经痛等，含漱剂治牙痛和牙龈松动。

（十二）地蔷薇属 Chamaerhodos Bunge

地蔷薇

Chamaerhodos ereeta (L.) Bge.

蒙名：图门—塔那

别名：直立地蔷薇

生境：二年生或一年生、中旱生草本植物。生于草原带的砾石质丘坡、丘顶及山坡，也可生于沙砾质草原，在石质丘顶可成为优势植物，组成小面积的群落片段。

分布：科右前旗、科右中旗、扎赉特旗、阿尔山市。

储量：约 30 吨。

药用价值：全草入药，能祛风湿，主治风湿性关节炎。

（十三）李属　Prunus L.

西伯利亚杏

Prunus sibirica L.

蒙名：西伯日—归勒斯

别名：山杏

生境：小乔木或耐旱落叶灌木。多散见于森林草原地带及其邻近的落叶阔叶林地带边缘。在陡峻的石质向阳山坡，常为建群种植物，形成山地灌丛；在大兴安岭南麓森林草原地带为灌丛草原的优势种和景观植物，也散见于草原地带的沙地。

分布：科右前旗、科右中旗、扎赉特旗、突泉县、乌兰浩特市、阿尔山市。

储量：约 100 吨。

药用价值：杏仁入药，能祛痰、止咳、定喘、润肠，主治咳嗽、气喘、肠燥、便秘等症；杏仁油在医药上常用作软膏剂、涂布剂和注射药的溶剂等。

（十四）樱属　Cerasus Mill.

欧李

Cerasus humilis (Bge.) Sok.

蒙名：乌拉嘎那

生境：中生小灌木或灌木。生于山地灌丛或林缘坡地，也见于固定沙丘。

分布：科右前旗、科右中旗、突泉县。

储量：约 10 吨。

药用价值：种仁可作郁李仁入药，能润燥滑肠、利尿，主治大便燥结、水肿、脚气等症。

三十九、豆科　Leguminosae

（一）槐属　Sophora L.

苦参

Sophora flavescens Alt.

蒙名：道古勒—额布斯

别名：苦参麻、山槐、地槐、野槐

生境：多年生、中旱生草本植物。多生于草原带的沙地、田埂、山坡。

分布：科右前旗、科右中旗、扎赉特旗、突泉县。

储量：约 50 吨。

药用价值：根入药，能清热除湿、祛风杀虫、利尿，主治热痢便血、湿热疮毒、疥癣麻风、黄疸尿闭等症，又能抑制多种皮肤真菌和杀灭阴道滴虫。根也入蒙药（蒙药名：道古日—额布斯），能化热、调元、燥“黄化”、表疹，主治瘟病、感冒发烧、风热、痛风、游痛症、麻疹、风湿性关节炎。

（二）黄华属（野决明属）　Thermopsis R. Br.

披针叶黄花

Thermopsis lanceolata R. Br.

蒙名：他日巴干—希日

别名：苦豆子、面人眼睛、绞蛆爬、牧马豆

生境：多年生、耐盐中旱生草本植物。为草甸草原和草原带的草原化草甸、盐化草甸伴生植物，也见于荒漠草原和荒漠河岸草甸、沙质地或石质山坡。

分布：科右前旗、科右中旗、扎赉特旗、突泉县、乌兰浩特市、阿尔山市。

储量：约 15 吨。

药用价值：全草入药，能祛痰、镇咳，主治痰喘咳嗽。

（三）苜蓿属　Medicago L.

1. 紫花苜蓿

Medicago sativa L.

蒙名：宝日—查日嘎苏

别名：紫苜蓿、苜蓿

生境：多年生草本植物。为栽培的优良牧草。

分布：科右前旗、科右中旗、扎赉特旗、突泉县、乌兰浩特市、阿尔山市。

储量：约 40 吨。

药用价值：全草入药，能开胃、利尿排石，主治黄疸、浮肿、尿路结石。

2. 天蓝苜蓿

Medicago lupulina L.

蒙名：呼和—查日嘎苏

别名：黑荚苜蓿

生境：一年生或二年生、中生草本植物。草原带的草甸常见伴生种。多生于微碱性草甸、沙质草原、田边、路旁等处。

分布：科右前旗、科右中旗。

储量：约 10 吨。

药用价值：全草入药，能舒筋活络、利尿，主治坐骨神经痛、风湿筋骨痛、黄疸型肝炎、白血病。

3. 黄花苜蓿

Medicago falcata L.

蒙名：希日—查日嘎苏

别名：野苜蓿、镰荚苜蓿

生境：多年生、耐寒的旱中生草本植物。在森林草原及草原带的草原化草甸群落中可形成伴生种或优势种，草甸化羊草草原的亚优势成分。喜生于沙质或沙壤土，多见于河滩、河谷等低湿生境中。

分布：科右前旗、科右中旗、扎赉特旗、突泉县、乌兰浩特市、阿尔山市。

储量：约10吨。

药用价值：全草入药，能宽中下气、健脾补虚、利尿，主治胸腹胀满、消化不良、浮肿等症。

（四）草木樨属　Melilotus Adans.

1. 草木樨

Melilotus suaveolens Ledeb.

蒙名：呼庆黑

别名：黄花草木樨、马层子、臭苜蓿

生境：一年生或二年生、旱中生草本植物。在森林草原和草原带的草甸或轻度盐化草甸中为常见伴生种，并可进入荒漠草原的河滩低湿地，以及轻度盐化草甸。多生于河滩、河谷、湖盆洼地等低湿地生境中。

分布：科右前旗、科右中旗、扎赉特旗、突泉县、乌兰浩特市、阿尔山市。

储量：约10吨。

药用价值：全草入药，能芳香化浊、截疟，主治暑湿胸闷、口臭、头胀、头痛、疟疾、痢疾等症。全草也入蒙药（蒙药名：呼庆黑），能清热、解毒、杀“黏”，主治毒热、陈热。

2. 白花草木樨

Melilotus albus Medic.ex Desr.

蒙名：查干—呼庆黑

别名：白香草木樨

生境：一年或二年生、中生草本植物。生于路旁、沟旁、盐碱地及草甸等生境中。

分布：科右前旗。

储量：约 15 吨。

药用价值：全草入药，能芳香化浊、截疟，主治暑湿胸闷、口臭、头胀、头痛、疟疾、痢疾等症。全草也入蒙药（蒙药名：呼庆黑），能清热、解毒、杀“黏”，主治毒热、陈热。

3. 细齿草木樨

Melilotus dentatus (Wald.et Kit.) Pers.

蒙名：纳日音—呼庆黑

别名：马层、臭苜蓿

生境：二年生草本、中生植物。在森林草原和草原带的草甸及轻盐化草甸群落中是常见的伴生种。生于低湿草地、路旁、滩地等生境中。

分布：科右前旗、科右中旗。

储量：约 15 吨。

药用价值：全草入药，能芳香化浊、截疟，主治暑湿胸闷、口臭、头胀、头痛、疟疾、痢疾等症。全草也入蒙医药（蒙医药名：呼庆黑），能清热、解毒、杀“黏”，主治毒热、陈热。

（五）车轴草属　Trifolium L.

野火球

Trifolium lupinaster L.

蒙名：禾日音—好希扬古日

别名：野车轴草

生境：多年生、中生草本植物，为森林草甸种。在森林草原地带，是林缘草甸（五花草塘）的伴生种或次优势种。也见于草甸草原、山地灌丛及沼泽化草甸，多生于肥沃的壤质黑钙土及黑土上，但也可适应于砾石质粗骨土。

分布：科右前旗、科右中旗、扎赉特旗、阿尔山市。

储量：约 20 吨。

药用价值：全草入药，能镇静、止咳、止血。

（六）苦马豆属 Sphaerophysa DC.

苦马豆

Sphaerophysa salsula (Pall.) DC.

蒙名：洪呼图—额布斯

别名：羊卵蛋、羊尿泡

生境：多年生、耐碱耐旱草本植物。在草原带的盐碱性荒地、河岸低湿地、沙质地上常见到，也进入荒漠带。

分布：科右中旗。

储量：约 10 吨。

药用价值：全草、果入药，能利尿、止血，主治肾炎、肝硬化腹水、慢性肝炎浮肿、产后出血。

（七）锦鸡儿属 Caragana Fabr.

小叶锦鸡儿

Caragana microphylla Lam.

蒙名：乌禾日—哈日嘎纳、阿拉他嘎纳

别名：柠条、连针

生境：旱生灌木。在沙砾质、沙壤质或轻壤质土壤的针茅草原群落中形成灌木层片，并可成为亚优势种成分，在群落外貌上十分明显，成为草原带景观植物，组成了一类独特的灌丛化草原群落。

分布：科右前旗、科右中旗、扎赉特旗、突泉县、乌兰浩特市。

储量：约5000吨。

药用价值：全草、根、花、种子入药，花能降压，主治高血压；根能祛痰止咳，主治慢性支气管炎；全草能活血调经；种子能祛风止痒、解毒，主治神经性皮炎、牛皮癣、黄水疮等症。种子入蒙药（蒙药名：宝特—哈日嘎纳），能清热、消“奇哈”，主治咽喉肿痛、高血压、血热头痛、脉热。

（八）米口袋属 Gueldenstaedtia Fisch.

1. 少花米口袋

Gueldenstaedtia verna (Georgi) Boriss.

蒙名：莎勒吉日、消布音—他不格

别名：地丁、多花米口袋

生境：多年生、旱生草本植物。散生于草原带的沙质草原或石质草原，数量虽不多，但分布稳定。

分布：科右前旗、科右中旗、扎赉特旗、突泉县、乌兰浩特市。

储量：约20吨。

药用价值：全草入药，能清热解毒，主治痈疽、疔毒、瘰疬、恶疮、黄疸、痢疾、腹泻、目赤、喉痹、毒蛇咬伤。

2. 狭叶米口袋

Gueldenstaedtia stenophylla Bunge

蒙名：纳日音—莎勒吉日

别名：地丁

生境：多年生草本、草原旱生植物。为草原带的沙质草原伴生种，少量向东进入森林草原带，往西进入荒漠草原带。

分布：科右中旗。

储量：约10吨。

药用价值：全草入药，能清热解毒，主治痈疽、疔毒、瘰疬、恶疮、黄疸、痢疾、腹泻、目赤、喉痹、毒蛇咬伤。

（九）甘草属 Glycyrrhiza L.

1. 甘草

Glycyrrhiza uralensis Fisch.

蒙名：希禾日—额布斯

别名：甜草苗

生境：多年生、中旱生草本植物。生于碱化沙地、沙质草原、具沙质土的田边、路旁、低地边缘及河岸轻度碱化的草甸。生态幅度较广，在荒漠草原、草原、森林草原以及落叶阔叶林地带均有生长。在草原沙质土上，有时可成为优势植物，形成片状甘草群落。

分布：科右中旗、扎赉特旗。

储量：约 20 吨。

药用价值：根入药，能清热解毒、润肺止咳、调和诸药等，主治咽喉肿痛、咳嗽、脾胃虚弱、胃及十二指肠溃疡、肝炎、癔病、痈疖肿毒、药物及食物中毒等症。根及根茎入蒙药（蒙药名：希禾日—额布斯），能止咳润肺、滋补、止吐、止渴、解毒，主治肺痨、肺热咳嗽、吐血、口渴、各种中毒、“白脉”病、咽喉肿痛、血液病。

2. 刺果甘草

Glycyrrhiza pallidiflora Maxim.

蒙名：乌日格斯图—希和日—额布斯

别名：头序甘草、山大料

生境：多年生、旱生草本植物。散生于田野、路旁及河边草丛中。

分布：科右前旗、科右中旗、乌兰浩特市。

储量：约 10 吨。

药用价值：果实入药，有催乳作用。

（十）黄芪属 Astragalus L.

1. 华黄芪

Astragalus chinensis L.f.

蒙名：道木大图音—好恩其日

别名：地黄芪、牤牛花

生境：多年生、旱中生植物。在草原带的草甸草原群落中为数量不多的伴生种，轻度盐碱地，河岸沙砾地有散生。

分布：科右前旗、乌兰浩特市。

储量：约 10 吨。

药用价值：种子可作沙苑子入药，能补肝肾、固精、明目，主治腰膝酸痛、遗精早泄、尿频、遗尿、视物不清等症。

2. 黄芪

Astragalus membranaceus Bunge Astrag. Sp.

蒙名：好恩其日

别名：膜荚黄芪

生境：多年生、森林草甸中生草本植物。在森林区、森林草原和草原带的林间草甸中为稀见的伴生杂类草，零星渗入林缘灌丛及草甸草原群落。

分布：科右前旗、科右中旗、阿尔山市。

储量：约 20 吨。

药用价值：根入药，能补气、固表、托疮生肌、利尿消肿，主治体虚自汗、久泻脱肛、子宫脱垂、体虚浮肿、疮疡溃不收口等症。根也入蒙药（蒙药名：好恩其日），能止血、治伤，主治金伤、内伤、跌打肿痛。

3. 草木樨状黄芪

Astragalus melilotoides Pall.

蒙名：哲格仁—希勒比

别名：扫帚苗、层头、小马层子

生境：多年生、中旱生草本植物。为典型草原及森林草原最常见的伴生植物，在局部可成为次优势种。多适应于沙质及轻壤质土壤。

分布：科右前旗、科右中旗、扎赉特旗、突泉县、乌兰浩特市、阿尔山市。

储量：约 25 吨。

药用价值：全草入药，能祛湿，主治风湿性关节炎疼痛、四肢麻木。

4. 扁茎黄芪

Astragalus complanatus R. Br. ex Bunge

蒙名：哈布他盖—好恩其日

别名：夏黄芪、沙苑子、沙苑蒺藜、潼蒺藜、蔓黄芪

生境：多年生、旱中生草本植物。在草原带的微碱化草甸、山地阳坡或灌丛中为伴生种。

分布：科右中旗。

储量：约 10 吨。

药用价值：种子入药，能补肾、固精、明目，主治腰膝酸痛、遗精早泄、尿频、遗尿、白带、视物不清等症。

5. 斜茎黄芪

Astragalus laxmannii Jacquin

蒙名：矛日音—好恩其日

别名：直立黄芪、马拌肠

生境：多年生、中旱生草本植物。在森林草原及草原带中是草甸草原的重要伴生种或亚优势种。有的渗入河滩草甸、灌丛和林缘下层成为伴生种，少数进入森林区和荒漠草原带的山地。

分布：科右前旗、科右中旗、扎赉特旗、突泉县、乌兰浩特市、阿尔山市。

储量：约 20 吨。

药用价值：种子可作沙苑子入药，能补肝肾、固精、明目，主治腰膝酸痛、遗精早泄、尿频、遗尿、视物不清等症。

（十一）棘豆属 Oxytropis DC.

1. 多叶棘豆

Oxytropis myriophylla (Pall.) DC.

蒙名：达兰—奥日图哲

别名：狐尾藻棘豆、鸡翎草

生境：多年生、砾石生草原中旱生草本植物。多出现在森林草原带的丘陵顶部和山地砾石性土壤上。为草甸草原群落的伴生成分或次优势种；也进入于草原地带和林区边缘，但多生长在砾石质或沙质土壤上。

分布：科右前旗、科右中旗、扎赉特旗、乌兰浩特市。

储量：约 20 吨。

药用价值：全草入药，能清热解毒、消肿、祛风湿、止血，主治流感、咽喉肿痛、痈疮肿毒、创伤、瘀血肿胀，各种出血。地上部分入蒙药（蒙药名：那布其日哈嘎—奥日都扎），能杀“黏”、消热、燥“黄水”、愈伤、生肌、止血、消肿、通便，主治瘟疫、发症、丹毒、腮腺炎、阵刺痛、肠刺痛、脑刺痛、麻疹、痛风、游痛症、创伤、月经过多、创伤出血、吐血、咳痰。

2. 硬毛棘豆

Oxytropis hirta Bunge

蒙名：希如文—奥日图哲

别名：毛棘豆

生境：多年生、草甸旱中生草本植物。常伴生于森林草原及草原带的山地杂类草草原和草甸草原群落中。

分布：科右前旗、科右中旗、扎赉特旗、乌兰浩特市。

储量：约 25 吨。

药用价值：全草入药，能清热解毒、消肿、祛风湿、止血，主治流感、咽喉肿痛、痈疮肿毒、创伤、瘀血肿胀，各种出血。地上部分入蒙药（蒙药名：旭润—奥日都扎），能杀“黏”、消热、燥“黄水”、愈伤、生肌、止血、消肿、通便，主治瘟疫、发症、丹毒、腮腺炎、阵刺痛、肠刺痛、脑刺痛、麻疹、痛风、游痛症、创伤、月经过多、创伤出血、吐血、咳痰。

（十二）胡枝子属 Lespedeza Michx.

1. 胡枝子

Lespedeza bicolor Turcz.

蒙名：矛仁—呼日布格、呼吉斯

别名：横条、横笆子、扫条

生境：直立灌木，耐阴中生灌木，为林下植物。在温带落叶阔叶林地区，为栎林灌木层的优势种，也见于林缘，常与榛子一起形成林缘灌丛。生于山地森林或灌木丛中，一般出现在阴坡。

分布：科右前旗、科右中旗、扎赉特旗、突泉县、乌兰浩特市、阿尔山市。

储量：约40吨。

药用价值：全草入药，能润肺解热、利尿、止血，主治感冒发热、咳嗽、眩晕头痛、小便不利、便血、尿血、吐血等症。

2. 达乌里胡枝子

Lespedeza davurica (Laxm.) Schindl.

蒙名：呼日布格

别名：牤牛茶、牛枝子

生境：多年生、中旱生小半灌木。较喜温暖，生于森林草原和草原带的干山坡、丘陵坡地、沙地以及草原群落中，为草原群落的次优势种或伴生成分。

分布：科右前旗、科右中旗、扎赉特旗、突泉县、乌兰浩特市。

储量：约40吨。

药用价值：全草入药，能解表散寒，主治感冒发热、咳嗽。

（十三）鸡眼草属　Kummerowia Schindl.

长萼鸡眼草

Kummerowia stipulacea (Maxim.) Makino

蒙名：他黑延—尼都—额布斯

别名：掐布齐

生境：一年生、中生草本植物。遍及草原和森林草原带的山地、丘陵、田野，为常见杂草，但数量不多；也进入荒漠草原群落中。

分布：科右前旗、科右中旗、扎赉特旗、乌兰浩特市。

储量：约 15 吨。

药用价值：全草入药，能清热解毒、活血、利尿、止泻，主治胃肠炎、痢疾、肝炎、夜盲症、泌尿系统感染、跌打损伤、疔疮疖肿等。

（十四）野豌豆属　Vicia L.

1．大叶野豌豆

Vicia pseudorobus Fisch. et C. A. Mey.

蒙名：乌日根—纳布其特—给哈

别名：假香野豌豆、大叶草藤

生境：多年生、中生草本植物。为森林草甸种。生于落叶阔叶林下、林缘草甸、山地灌丛以及森林草原带的丘陵阴坡。多散生，为伴生种。

分布：科右前旗、科右中旗、扎赉特旗。

储量：约 20 吨。

药用价值：全草可作透骨草入药。

2．山野豌豆

Vicia amoena Fisch.

蒙名：乌拉音—给希

别名：山黑豆、落豆秧、透骨草

生境：多年生、旱中生草本植物。为草甸草原和林缘草甸的优势种或伴生种。生长在山地林缘、灌木丛和广阔的草甸草原群落中。

分布：科右前旗、科右中旗、扎赉特旗、突泉县、乌兰浩特市、阿尔山市。

储量：约30吨。

药用价值：全草入蒙药（蒙药名：乌拉音—给希），能解毒、利尿、主治水肿。

3. 广布野豌豆

Vicia cracca L.

蒙名：伊曼—给希

别名：草藤、落豆秧

生境：多年生、中生草本植物，草甸种。生于草原带的山地和森林草原带的河滩草甸、林缘、灌丛、林间草甸，亦生于林区的撂荒地。

分布：科右前旗、科右中旗、扎赉特旗。

储量：约15吨。

药用价值：全草可作透骨草入药。

4. 灰野豌豆（变种）

Vicia cracca L. var. canescens Maxim. ex Franch. et Sav.

蒙名：柴布日—乌拉音—给希

生境：多年生、中生草本植物。生于林间草地、林缘草甸、灌丛、沟边等。

分布：科右前旗、阿尔山市。

储量：约10吨。

药用价值：全草可作透骨草入药。

5. 歪头菜

Vicia unijuga R. Br.

蒙名：好日黑纳格—额布斯

别名：草豆

生境：多年生、中生草本植物，森林草甸种。生于山地林下、林缘草甸、山地灌木丛和草甸草原，是森林边缘草甸群落（五花草塘）的亚优势种或伴生种。

分布：科右前旗、科右中旗、扎赉特旗、阿尔山市。

储量：约 15 吨。

药用价值：全草入药，能解热、利尿、理气、止痛，主治头晕、浮肿、胃痛；外用治疔毒。

6. 狭叶山野豌豆（变种）

Vicia amoena Fisch. var. oblongifolia Regel. T

蒙名：那林—乌拉音—给希

别名：芦豆苗

生境：多年生草本、中生植物。生于丘陵低湿地、河岸、沟边、山坡、沙地、林缘、灌丛等处。

分布：科右前旗、科右中旗。

储量：约 10 吨。

药用价值：全草入蒙药（蒙药名：乌拉音—给希）能解毒、利尿，主治水肿。

（十五）大豆属 Glycine Willd.

野大豆

Glycine soja Sieb. et Zucc.

蒙名：哲日勒格—希日—宝日其格

别名：乌豆

生境：一年生、中生草本植物。喜湿润，生于河岸、灌木丛、山地或田野。

分布：科右前旗、科右中旗、扎赉特旗、乌兰浩特市。

储量：约 20 吨。

药用价值：种子可食，又可入药，有强壮利尿、平肝敛汗作用。

四十、牻牛儿苗科　Geraniaceae

（一）牻牛儿苗属　Erodium L' Herit

牻牛儿苗

Erodium stephanianum Willd.

蒙名：曼久亥

别名：太阳花

生境：一年生或二年生、旱中生草本植物。生于山坡、干草甸子、河岸、沙质草原、沙丘、田间、路旁。

分布：科右前旗、科右中旗、扎赉特旗、突泉县、乌兰浩特市、阿尔山市。

储量：约 10 吨。

药用价值：全草入药（药材名：老鹳草），能祛风湿、活血通络、止泻痢，主治风寒湿痹、筋骨疼痛、肌肉麻木、肠炎痢疾等。

（二）老鹳草属　Geranium L.

1. 毛蕊老鹳草

Geranium eriostemon Fisch. ex DC.

蒙名：乌斯图—西木德格来

生境：多年生、中生草本植物。生于林下、林缘、灌丛、林间及林缘草甸。

分布：科右前旗、科右中旗、扎赉特旗、阿尔山市。

储量：约 10 吨。

药用价值：全草也作老鹳草入药，能祛风湿、活血通络、止泻痢，主治见寒湿痹、筋骨疼痛、肌肉麻木、肠炎痢疾等。

2. 粗根老鹳草

Geranium dahuricum DC.

蒙名：塔拉音—西木德格来

别名：块根老鹳草

生境：多年生、中生草本植物。生于林下、林缘、灌丛间、林缘草甸及湿草地。

分布：科右前旗、科右中旗、阿尔山市。

储量：约 10 吨。

药用价值：全草也作老鹳草入药，能祛风湿、活血通络、止泻痢，主治见寒湿痹、筋骨疼痛、肌肉麻木、肠炎痢疾等。

四十一、亚麻科　Linaceae

亚麻属　Linum L.

野亚麻

Linum stelleroides Planch.

蒙名：哲日力格—麻嘎领古

别名：山胡麻

生境：一年生或二年生、中生草本植物，杂草。生于干燥山坡、路旁。

分布：科右中旗、扎赉特旗。

储量：约 10 吨。

药用价值：种子入药，可治便秘、皮肤瘙痒、荨麻疹等；鲜草外敷可治疗疮肿毒。种子也作蒙药用（蒙药名：哲日力格—麻嘎领古），能镇“赫依”、润肠、拔脓，主治眩晕、皮肤瘙痒、便秘、肿块。

四十二、蒺藜科 Zygophyllaceae

（一）白刺属 Nitraria L.

小果白刺

Nitraria sibirica Pall.

蒙名：哈日莫格

别名：西伯利亚白刺、哈蟆儿

生境：耐盐旱生灌木。生于轻度盐渍化低地、湖盆边缘、干河床边群落。可成为优势种并形成荒漠草原及荒漠地带，株丛下常形成小沙堆。

分布：科右中旗、扎赉特旗。

储量：约 10 吨。

药用价值：果实入药，能健脾胃、滋补强壮、调经活血，主治身体瘦弱、气血两亏、脾胃不和、消化不良、月经不调、腰腿疼痛等。果实也作蒙药用（蒙药名：哈日莫格），能健脾胃、助消化、安神解表、下乳，主治脾胃虚弱、消化不良、神经衰弱、感冒。

（二）蒺藜属 Tribulus L.

蒺藜

Tribulus terrestris L.

蒙名：伊曼—章古

生境：一年生、中生草本杂草。生于荒地、山坡、路旁、田间、居民点附近，在荒漠区亦见于古质残丘坡地、白刺堆间沙地及干河床边。

分布：科右前旗、科右中旗、扎赉特旗、突泉县、乌兰浩特市、阿尔山市。

储量：约 15 吨。

药用价值：果实入药（药材名：蒺藜），能平肝明目、散风行血，主治头痛、皮肤瘙痒、目赤肿痛、乳汁不通等。果实也作蒙药用（蒙药名：伊曼—章古），能补肾助阳、利尿消肿，主治阳痿肾寒、淋病、小便不利。

四十三、芸香科　Rutaceae

（一）黄檗属　Phellodendron Rupr.

黄檗

Phellodendron amurense Rupr.

蒙名：好布鲁

别名：黄菠萝树、黄柏

生境：落叶乔木，中生植物。生于杂木林中。

分布：扎赉特旗。

储量：约 10 吨。

药用价值：树皮入药（药材名：黄柏），能清热解毒、泻火燥湿，主治痢疾、肠炎、黄疸、痿痹、淋浊、赤白带下；外用治烧烫伤、口疮、黄水疮。也作蒙药用（蒙药名：希拉毛都），能清热解毒、泻火燥湿，主治痢疾、肠炎、黄疸、痿痹、淋浊、赤白带下；外用治烧烫伤、口疮、黄水疮。

（二）白鲜属　Dictamnus L.

白鲜（亚种）

Dictamnus dasycarpus Turcz.

蒙名：阿格查嘎海

别名：八股牛、好汉拔、山牡丹

生境：多年生、中生草本植物。生于山坡林缘、疏林灌丛、草甸。

分布：科右前旗、科右中旗、扎赉特旗。

储量：约 10 吨。

药用价值：根皮入药（药材名：白鲜皮），能祛风燥湿、清热解毒、杀虫止痒，主治风湿性关节炎、急性黄疸肝炎、皮肤瘙痒、荨麻疹、美人疥癣、黄水疮；外用治淋巴结炎、外伤出血。

四十四、远志科 Polygalaceae

远志属 Polygala L.

1. 远志

Polygala tenuifolia willd.

蒙名：吉如很—其其格

别名：细叶远志、小草

生境：多年生、广旱生草本植物。嗜砾石，多见于石质草原及山坡、草地、灌丛下。

分布：科右前旗、科右中旗、扎赉特旗、突泉县、乌兰浩特市、阿尔山市。

储量：约 15 吨。

药用价值：根入药（药材名：远志），能益智安神、开郁豁痰、消痈肿。主治惊悸健忘、失眠多梦、咳嗽多痰、支气管炎、痈疽疮肿。根皮入蒙药（蒙药名：吉如很—其其格），能排脓、化痰、润肺、锁脉、消肿、愈伤，主治肺脓肿、痰多咳嗽、胸伤。

2. 卵叶远志

Polygala sibirica L.

蒙名：西比日—吉如很—其其格

别名：瓜子金、西伯利亚远志

生境：多年生、中旱生草本植物。生于山坡、草地、林缘、灌丛。

分布：科右前旗、扎赉特旗。

储量：约 15 吨。

药用价值：根入药（药材名：远志），能益智安神、开郁豁痰、消痈肿，主治惊悸健忘、失眠多梦、咳嗽多痰、支气管炎、痈疽疮肿。根皮入蒙药（蒙药名：吉如很—其其格），能排脓、化痰、润肺、锁脉、消肿、愈伤，主治肺脓肿、痰多咳嗽、胸伤。

四十五、大戟科　Euphorbiaceae

（一）白饭树属（一叶萩属）　Fluggea Willd.

一叶萩

Securinega suffruticosa (Pall.) Rehd.

蒙名：诺亥音—色古日

别名：叶底珠、叶下珠、狗杏条

生境：喜暖中生灌木。多生于落叶阔叶林区及草原区的山地、石质山坡及山地灌丛。

分布：科右前旗、科右中旗、扎赉特旗、阿尔山市。

储量：约 10 吨。

药用价值：叶及花入药，有毒，能祛风活血、补肾强筋，主治颜面神经麻痹、小儿麻痹后遗症、眩晕、耳聋、神经衰弱、嗑睡症及阳痿。

（二）地构叶属　Speranskia Baill.

地构叶

Speranskia tuberculata Baill.

蒙名：琴娃音—好日

别名：珍珠透骨草、海地透骨草、瘤果地构叶

生境：多年生、旱中生草本植物。多生于落叶阔叶林区和森林草原区的石质山坡，也生于草原区的山地。

分布：科右前旗、科右中旗、扎赉特旗、阿尔山市。

储量：约 15 吨。

药用价值：地上部分及根入药，地上部分（药材名：透骨草）能散风祛湿、活血止痛，主治风湿、筋骨痛及毒疮等症；根有毒，能泻下逐水，主治腹水、便秘，煎服或煎水洗敷，孕妇忌用。

（三）大戟属　Euphorbia L.

1. 乳浆大戟

Euphorbia esula L.

蒙名：查干—塔日努

别名：猫儿眼、烂疤眼

生境：多年生草本植物。零散分布于草原、山坡、干燥沙质地和路旁。

分布：科右前旗、科右中旗、扎赉特旗、突泉县、乌兰浩特市、阿尔山市。

储量：约 10 吨。

药用价值：全株入药，有毒，利尿消肿、拔毒止痒，可治四肢浮肿、小便不利、疟疾；外用治颈淋巴结核、疮癣瘙痒等。全草也作蒙药用（蒙药名：塔日努），能破瘀、排脓、利胆、催吐，主治肠胃湿热、黄疸；外用治疥癣痈疮。

2. 狼毒大戟

Euphorbia fischeriana Steud.

蒙名：塔日努

别名：狼毒、猫眼草

生境：多年生、中旱生草本植物。生于森林草原及草原区石质山地向阳山坡。

分布：分布于科右前旗、科右中旗、阿尔山市。

储量：约 10 吨。

药用价值：根入药（药材名：狼毒），有大毒，能破积杀虫，除湿止痒，主治淋巴结结核、骨结核、皮肤结核、神经性皮炎、慢性支气管炎及各种疮毒等。根也作蒙药用（蒙药名：塔日努），能泻下、消肿、消“奇哈”、杀虫、燥“黄水”，主治结喉、发症、肿、黄水疮、疥癣、水肿、痛风、游痛症、“黄水”病。

3. 地锦

Euphorbia humifusa Willd.

蒙名：马拉盖音—扎拉—额布斯

别名：铺地锦、铺地红、红头绳

生境：一年生草本、中生杂草。生于田边、路旁、河滩及固定沙地。

分布：科右前旗、科右中旗、扎赉特旗、突泉县、乌兰浩特市、阿尔山市。

储量：约10吨。

药用价值：全草入药，能清热利湿、凉血止血、解毒消肿，主治急性细菌性痢疾、肠炎、黄疸、小儿疳积、高血压、子宫出血、便血、尿血等；外用治创伤出血、跌打肿痛、疮疖、皮肤湿疹及毒蛇咬伤等。全草也作蒙药用（蒙药名：马拉盖音—扎拉—额布苏），能止血、燥“黄水”、愈伤、清脑、清热，主治便血、创伤出血、吐血、肺脓溃疡、咯脓血痰、“白脉”病、中风、结喉、发症。

四十六、凤仙花科　Balsaminaceae

凤仙花属　Impatiens L.

1. 凤仙花

Impatiens balsamina L.

蒙名：好木存—宝都格—其其格

别名：急性子、指甲草、指甲花

生境：一年生草本植物。

分布：科右前旗、科右中旗、扎赉特旗、突泉县、乌兰浩特市、阿尔山市。

储量：约 20 吨。

药用价值：全草入药（药材名：透骨草），能活血通经、祛风止痛，主治跌打损伤、瘀血肿痛、痈疖疔疮、蛇咬伤等。种子也入药（药材名：急性子），能活血通经、软坚、消积，主治闭经、难产、肿块、积聚、跌打损伤、瘀血肿痛、风湿性关节炎、痈疖疔疮。花作蒙药用（蒙药名：好木苏—宝都格—其其格），能利尿消肿，主治浮肿、慢性肾炎、膀胱炎等。

2. 水金凤

Impatiens noli-tangere L.

蒙名：禾格日—好木存—宝都格—其其格

别名：辉菜花

生境：一年生、湿中生草本植物。生于湿润的森林地区的山沟溪边、山坡林下、林缘湿地。

分布：科右前旗、扎赉特旗、突泉县、阿尔山市。

储量：约 10 吨。

药用价值：全草入药，能活血调经、舒筋活络，主治月经不调、痛经、跌打损伤、风湿疼痛、阴囊湿疹。全草作蒙药用（蒙药名：好木存—宝都格—其其格），能利尿消肿，主治浮肿、慢性肾炎、膀胱炎等。

四十七、鼠李科　Rhamnaceae

鼠李属　Rhamnus L.

1. 小叶鼠李

Rhamnus parvifolia Bunge.

蒙名：牙黑日—牙西拉

别名：黑格令

生境：旱中生灌木。抗干旱，耐寒。生于向阳石质山坡、沙丘间地或灌丛中。

分布：科右前旗、科右中旗、扎赉特旗。

储量：约 10 吨。

药用价值：果实入药，能清热泻下、消瘰疬，主治腹满便秘、疥癣瘰疬。

2. 土默特鼠李（变种）

Rhamnus tumetica Grub.

蒙名：土默特—牙西拉

生境：耐干旱，生砾石质干阳坡和沙地。

分布：科右前旗、科右中旗、扎赉特旗。

储量：约 10 吨。

药用价值：果实入药，能清热泻下、消瘰疬，主治腹满便秘、疥癣瘰疬。

3. 乌苏里鼠李

Rhamnus ussuriensis J. Vass.

蒙名：乌苏日—牙西拉

生境：中生灌木。生于山坡、沙丘间地、杂木林间、溪流两旁的谷地上或灌木丛中。

分布：科右前旗、扎赉特旗、突泉县。

储量：约 20 吨。

药用价值：树皮及果实入药，皮能清热、通便，主治大便秘结；果实有小毒，能止咳、祛痰，主治支气管炎、肺气肿、龋齿、痈疖。

四十八、葡萄科 Vitaceae

（一）葡萄属 Vitis L.

山葡萄

Vitis amurensis Rupr.

蒙名：哲日勒格—乌吉母

生境：中生木质藤本植物。分布于落叶阔叶林区，零星见于林缘和湿润的山坡。

分布：科右前旗、扎赉特旗、阿尔山市。

储量：约 25 吨。

药用价值：根、藤和果实入药，根、藤能祛风止痛，主治外伤痛、风湿骨痛、胃痛、腹痛、神经性头痛、术后疼痛；果实能清热利尿，主治烦热口渴、尿路感染、小便不利。

（二）蛇葡萄属（白蔹属） Ampelopsis Michx.

1. 掌裂草葡萄（变种）

Ampelopsis aconitifolia Bunge var. palmiloba (Carr.) Behd.

蒙名：给拉格日—毛盖—乌吉母

别名：光叶草葡萄

生境：中生木质藤本植物。零星见于石质山地。

分布：科右前旗、扎赉特旗。

储量：约 10 吨。

药用价值：块根入药，能清热解毒、豁痰，主治结核性脑膜炎、痰多胸闷、禁口痢。

2. 乌头叶蛇葡萄

Ampelopsis aconitifolia Bunge

蒙名：额布苏力格—毛盖—乌吉母

别名：草白敛

生境：木质藤本，中生植物。分布于落叶阔叶林区，常零星见于石质山地。

分布：科右前旗、扎赉特旗。

储量：约 10 吨。

药用价值：根皮入药，能散瘀消肿、祛腐生肌、接骨止痛，主治骨折、跌打损伤、痈肿、风湿关节痛。

四十九、椴树科　Tiliaceae

椴树属　Tilia L.

1. 蒙椴

Tilia mongolica Maxim.

蒙名：导木—毛都

别名：小叶椴

生境：中生落叶阔叶乔木。亦为落叶林的伴生种，散生于山地杂木林区及山坡。

分布：科右前旗、科右中旗、扎赉特旗。

储量：约 10 吨。

药用价值：花入药。

2. 紫椴

Tilia amurensis Rupr.

蒙名：宝日—导木

生境：中生落叶阔叶树种，为落叶阔叶林的伴生种，生于山地杂木林及山坡。

分布：科右前旗。

储量：约 10 吨。

药用价值：花可药用，能发汗、镇静及解热。

五十、锦葵科 Malvaceae

（一）木槿属 Hibiscus L.

野西瓜苗

Hibiscus trionum L.

蒙名：塔古—诺高

别名：和尚头、香铃草

生境：一年生、中生草本杂草。生于田野、路旁、村边、山谷等处。

分布：科右前旗、科右中旗、扎赉特旗、乌兰浩特市。

储量：约 10 吨。

药用价值：全草及种子入药。全草能清热解毒、祛风除湿、止咳、利尿，主治急性关节炎、感冒咳嗽、肠炎、痢疾；外用治烧烫伤、疮毒；种子能润肺止咳、补肾，主治肺结核咳嗽、肾虚头晕、耳鸣耳聋。

（二）锦葵属 Malva L.

野葵

Malva verticillata L.

蒙名：札木巴—其其格

别名：菟葵、冬苋菜

生境：一年生、草本杂草。生于田间、路旁、村边、山坡。

分布：科右前旗、科右中旗、扎赉特旗、突泉县、乌兰浩特市、阿尔山市。

储量：约 10 吨。

药用价值：种子作冬葵子入药，能利尿、下乳、通便。果实作蒙药用（蒙药名：萨嘎日木克—札木巴），能利尿通淋、清热消肿、止渴，主治尿闭、淋病、水肿、口渴、肾热、膀胱热。

（三）苘麻属 Abutilon Mill.

苘麻

Abutilon theophrasti Medic.

蒙名：黑衣麻—敖拉苏

别名：青麻、白麻、车轮草

生境：一年生亚灌木状草本。生于田边、路旁、荒地和河岸等处。

分布：科右前旗、科右中旗、扎赉特旗、突泉县、乌兰浩特市、阿尔山市。

储量：约 10 吨。

药用价值：种子入药，能清热利湿、解毒、退翳，主治赤白痢疾、淋病涩痛、痈肿目翳。种子也入蒙药（蒙药名：黑曼—乌热），能燥“黄水”杀虫，主治“黄水”病、麻风病、癣、疥、秃疮、黄水疮、皮肤病、痛风、游痛症、青腿病、浊热。

五十一、金丝桃科 Hypericaceae

金丝桃属 Hypericum L.

1. 长柱金丝桃

Hypericum longistylum Oliv.

蒙名：陶日格—阿拉丹—车格其乌海

别名：黄海棠、红旱莲、金丝蝴蝶

生境：多年生、中生草本植物。见于森林及森林草原地区，生于林缘、山地草甸和灌丛中。

分布：科右前旗、科右中旗、扎赉特旗。

储量：约 15 吨。

药用价值：全草入药，能凉血、止血、清热解毒，主治吐血、咯血、子宫出血、黄疸、肝炎等症；外用治伤出血、烧烫伤、湿疹、黄水疮，捣烂或绞汁涂敷患处。种子泡酒，主治胃病、解毒、排脓。

2．乌腺金丝桃

Hypericum attenuatum Fisch.ex. Choisy

蒙名：宝拉其日海图—阿拉丹—车格其乌海

别名：野金丝桃、赶山鞭

生境：多年生、旱中生草本植物。生于草原区山地、林缘、灌丛、草甸草原。

分布：科右前旗、扎赉特旗。

储量：约 10 吨。

药用价值：全草入药，能止血、镇痛、通乳，主治咯血、吐血、子宫出血、风湿性关节炎、神经痛、跌打损伤、乳汁缺乏、乳腺炎；外用治创伤出血、痈疖肿痈。

五十二、堇菜科　Violaceae

堇菜属　Viola L.

1．鸡腿堇菜

Viola acuminata Ledeb.

蒙名：奥古特图—尼勒—其其格

别名：鸡腿菜

生境：多年生、中生草本植物。生于疏林下、林缘、灌丛间、山坡草地、河谷湿地。

分布：科右前旗、科右中旗、阿尔山市。

储量：约 10 吨。

药用价值：全草入药，能清热解毒、消肿止痛，主治肺热咳嗽、跌打损伤、疮疖肿毒等。

2. 裂叶堇菜

Viola dissecta Ledeb.

蒙名：奥尼图—尼勒—其其格

生境：多年生、中生草本植物。生于山坡、林缘草甸、林下河滩地。

分布：科右前旗、科右中旗、突泉县、乌兰浩特市、阿尔山市。

储量：约 10 吨。

药用价值：全草入药，能清热解毒，消痈肿。主治无名肿毒、疮疖、麻疹热毒。

3. 紫花地丁

Viola phillipina Cav

蒙名：宝日—尼勒—其其格

别名：辽堇菜、光瓣堇菜

生境：多年生草本植物、中生杂草。生于庭园、田野、荒地、路旁、灌丛及林缘等处。

分布：科右前旗、科右中旗、扎赉特旗、突泉县、乌兰浩特市。

储量：约 10 吨。

药用价值：全草入药（药材名：紫花地丁），能清热解毒、凉血消肿，主治痈疽发背、疔疮瘰疬、无名肿毒、丹毒、乳腺炎、目赤肿痛、咽炎、黄疸型肝炎、肠炎、毒蛇咬伤等。全草也作蒙药用（蒙药名：尼勒—其其格），有清热、利胆、退黄等功效。

4. 斑叶堇菜

Viola variegata Fisch. ex Link

蒙名：导拉布图—尼勒—其其格

生境：多年生、中生草本植物。生于荒地、草坡、山坡砾石地、林下岩石缝、疏林地及灌丛间。

分布：科右前旗、扎赉特旗、乌兰浩特市。

储量：约 10 吨。

药用价值：全草入药，能凉血止血，主治创伤出血。

5. 早开堇菜

Viola prionantha Bunge

蒙名：合日其也斯图—尼勒—其其格

别名：尖瓣堇菜、早花地丁

生境：多年生、中生草本植物。生于山坡、草地、荒地、路旁、沟边、庭园、林缘等处。

分布：科右前旗、科右中旗、扎赉特旗、乌兰浩特市。

储量：约10吨。

药用价值：全草入药，能清热解毒、凉血消肿，主治痈疽发背、疔疮瘰疬、无名肿毒、丹毒、乳腺炎、目赤肿痛、咽炎、黄疸型肝炎、肠炎、毒蛇咬伤等。

五十三、瑞香科　Thymelaeaceae

狼毒属　Stellera L.

狼毒

Stellera chamaejasme Linn

蒙名：大勒恩—图如乌图

别名：断肠草、小狼毒、红火柴头花、棉大戟

生境：多年生、旱生草本植物。广泛分布于草原区，为草原群落的伴生种，在过度放牧影响下，数量常常增多，成为景观植物。

分布：科右前旗、科右中旗、扎赉特旗、突泉县、乌兰浩特市、阿尔山市。

储量：约20吨。

药用价值：根入药，有大毒，能散结、逐水、止痛、杀虫，主治水气肿胀、淋巴结核、骨结核；外用治疥癣、瘙痒、顽固性

皮炎，杀蝇、灭蛆。根也入蒙药（蒙药名：达伏图茹），能杀虫、逐泻、治“奇哈”、止腐消肿，主治各种“奇哈”症。

五十四、胡颓子科　Elaeagnaceae

沙棘属　Hippophae L.

中国沙棘

Hippophae rhamnoides L. subsp. sinensis Rousi

蒙名：其查日嘎纳

别名：醋柳、酸刺、黑刺

生境：灌木或乔木。比较喜暖的旱中生植物。主要分布于暖湿带落叶阔叶林区或森林草原区。喜阳光，不耐阴。对土壤要求不严，耐干旱、瘠薄及盐碱土壤。有根瘤菌，有肥地之效。为优良水土保持及改良土壤树种。

分布：科右前旗、科右中旗、扎赉特旗、突泉县、乌兰浩特市、阿尔山市。

储量：约 15 吨。

药用价值：果汁可解铅毒。果实作蒙药用（蒙药名：其查日嘎纳），能祛痰止咳、活血散瘀、消食化滞，主治咳嗽痰多、胸满不畅、消化不良、胃痛、闭经。

五十五、千屈菜科　Lythraceae

千屈菜属　Lythrum L.

千屈菜

Lythrum salicaria L.

蒙名：西如音—其其格

生境：多年生、湿生草本植物。生于河边、下湿地、沼泽。

分布：科右前旗、科右中旗、扎赉特旗。

储量：约 10 吨。

药用价值：全草入药，能清热解毒、凉血止血，主治肠炎、痢疾、便血；外用治外伤出血；孕妇忌服。

五十六、柳叶菜科　Onagraceae （Oenotheraceae）

（一）露珠草属　Circaea L.

水珠草

Circaea quadrisulcata (Maxim.) Franch. et Sav

蒙名：其根—伊黑日—额布斯

生境：多年生、中生草本植物。生于山坡林下或山谷溪边湿草地。

分布：科右前旗、科右中旗、扎赉特旗。

储量：约 10 吨。

药用价值：全草入药，和胃气、止脘腹痛、利小便、通月经。

（二）柳叶菜属　Epilobium L.

1. 柳兰

Epilobium angustifolium L.

蒙名：呼崩—奥日耐特

生境：多年生、中生草本植物。主要分布于林区、亦见于森林草原及草原带的山地。生于山地、林缘、森林采伐迹地，有时在路旁或新翻动的土壤上形成占优势的小群落。

分布：科右前旗、科右中旗。

储量：约 10 吨。

药用价值：全草或根状茎入药，有小毒，能调经活血、消肿止痛，主治月经不调、骨折、关节扭伤。

2. 沼生柳叶菜
Epilobium palustre L.

蒙名：那木嘎音—呼崩朝日

别名：沼泽柳叶菜、水湿柳叶菜

生境：多年生、湿生草本植物。生于山沟溪边、河岸边或沼泽草甸中。

分布：科右前旗、科右中旗、扎赉特旗、突泉县、乌兰浩特市、阿尔山市。

储量：约 15 吨。

药用价值：带根全草入药，能清热消炎、调经止痛、活血止血、去腐生肌，主治咽喉肿痛、牙痛、目赤肿痛、月经不调、白带过多、跌打损伤、疔疮痈肿、外伤出血等。

五十七、杉叶藻科 Hippuridaceae

杉叶藻属 Hippuris L.

杉叶藻
Hippuris vulgaris L.

蒙名：嘎海音—色古乐—额布斯

生境：多年生草本植物。生于池塘浅水中或河岸边湿草地。

分布：科右前旗、扎赉特旗。

储量：约 10 吨。

药用价值：全草入药，能镇咳、疏肝、凉血止血、养阴生津、透骨蒸，主治烦渴、结核咳嗽、劳热骨蒸、肠胃炎等。全草也作蒙药用（蒙药名：当布嘎日），功能主治同上。

五十八、伞形科　Umbelliferae

（一）羌活属　Notopterygium H.Boissieu.

宽叶羌活

Notopterygium forbesii Boiss.

蒙名：乌日根—那布其特—扎用

别名：龙牙香、福氏羌活

生境：多年生、中生草本植物。生于山坡林缘、灌丛、山沟溪边。

分布：科右前旗。

储量：约 10 吨。

药用价值：根茎及根入药（药材名：羌活），能解表、祛风、胜湿、止痛，主治风寒感冒、风湿性关节疼痛、头痛身疼。

（二）柴胡属　Bupleurum L.

1. 兴安柴胡

Bupleurum sibiricum Vest.

蒙名：兴安乃—宝日车—额布斯

生境：多年生、中旱生草本植物。主要生于森林草原及山地草原，亦见于山地灌丛及林缘草甸。

分布：科右前旗、科右中旗、阿尔山市。

储量：约 15 吨。

药用价值：根及根茎入药（药材名：柴胡），能解表和里、升阳、疏肝解郁，主治感冒、寒热往来、胸满、肋痛、疟疾、肝炎、胆道感染、胆囊炎、月经不调、子宫下垂、脱肛等。根及根茎也作蒙药用（蒙药名：希拉子拉），能清肺止咳，主治肺热咳嗽、慢性气管炎。

2. 红柴胡

Bupleurum scorzonerifolium Willd.

蒙名：乌兰—宝日车—额布斯

别名：狭叶柴胡、软柴胡

生境：多年生、旱生草本植物。草原群落的优势杂草类，亦为草甸草原、山地灌丛、沙地植被的常见伴生种。生于草原、丘陵坡地、固定沙丘。

分布：科右前旗、科右中旗、阿尔山市。

储量：约 10 吨。

药用价值：根及根茎入药（药材名：柴胡），能解表和里、升阳、疏肝解郁，主治感冒、寒热往来、胸满、肋痛、疟疾、肝炎、胆道感染、胆囊炎、月经不调、子宫下垂、脱肛等。根及根茎也作蒙药用（蒙药名：希拉子拉），能清肺止咳，主治肺热咳嗽、慢性气管炎。

（三）毒芹属　Cicuta L.

毒芹

Cicuta virosa L.

蒙名：好日图—朝古日

别名：芹叶钩吻

生境：多年生、湿中生草本植物。生于河边、沼泽、沼泽草甸和林缘草甸。

分布：科右前旗、科右中旗、扎赉特旗。

储量：约 15 吨。

药用价值：根茎入药，有大毒，能外用拔毒、祛瘀，主治化脓性骨髓炎。将根茎捣烂，外敷用。

（四）葛缕子属（黄蒿属） Carum L.

1. 葛缕子

Carum carvi L.

蒙名：哈如木吉

别名：黄蒿、野胡萝卜

生境：二年生或多年生、中生草本植物。生于林缘草甸、盐化草甸及田边路旁。

分布：阿尔山市。

储量：约 10 吨。

药用价值：全草及根入药，能健胃、驱风、理气，主治胃痛、腹痛、小肠疝气。

2. 田葛缕子

Carum buriaticum Turcz.

蒙名：塔林—哈如木吉

别名：田黄蒿

生境：二年生、旱中生草本植物。有时成为撂荒地的建群种。生于田边路旁、撂荒地、山地沟谷。

分布：科右前旗、科右中旗、乌兰浩特市。

储量：约 10 吨。

药用价值：全草及根入药，能健胃、祛风、理气，主治胃痛、腹痛、小肠疝气。

（五）茴芹属 Pimpinella L.

羊洪膻

Pimpinella thellungiana Wolff

蒙名：和勒特日黑—那布其特—其和日

别名：缺刻叶茴芹、东北茴芹

生境：多年生或二年生、中生草本植物。生于林缘草甸、沟谷及河边草甸。

分布：科右前旗、扎赉特旗。

储量：约 10 吨。

药用价值：全草入药，能温中散寒，主治克山病、心悸、气短、咳嗽。

（六）泽芹属　Sium L.

泽芹

Sium suave Walt.

蒙名：那木格音—朝古日

生境：多年生、湿生草本植物。生于沼泽、池沼边、沼泽草甸。

分布：科右前旗、科右中旗、乌兰浩特市、阿尔山市。

储量：约 10 吨。

药用价值：全草入药，能散风寒、止头痛、降血压，主治感冒头痛、高血压。

（七）水芹属　Oenanthe L.

水芹

Oenanthe javanica (Bl.) DC.

蒙名：奥存—朝古日

别名：野芹菜

生境：多年生、湿生草本植物。生于池沼边、水沟旁。

分布：科右前旗、突泉县。

储量：约 10 吨。

药用价值：根及全草入药，能清热利湿、止血、降血压，主治感冒发烧、呕吐腹泻、尿路感染、崩漏、白带、高血压。

（八）蛇床属　Cnidium Cuss.

蛇床

Cnidium monnieri (L.) Cuss.

蒙名：哈拉嘎拆

生境：一年生草本、中生植物。生于河边或湖边草地、田边。

分布：科右中旗。

储量：约 10 吨。

药用价值：果实入药（药材名：蛇床子），能祛风、燥湿、杀虫、止痒、补肾，主治阴痒带下、阴道滴虫、皮肤湿疹、阳痿。果实也入蒙药（蒙药名：呼希格图—乌热），能温中、杀虫，主治胃寒、消化不良、青腿病、游痛症、滴虫病、痔疮、皮肤瘙痒、湿疹。

（九）当归属　Angelica L.

兴安白芷

Angelica dahurica (Fisch.) Benth. et Hook. ex Franch. et Sav

蒙名：朝古日高那

别名：大活、独活、走马芹

生境：多年生、中生草本植物。散见于针叶林及落叶阔叶林区。生于山沟溪旁灌丛下，林缘草甸。

分布：科右前旗、科右中旗、扎赉特旗、阿尔山市。

储量：约 15 吨。

药用价值：根入药，能祛风散湿、发汗解表、排脓、生肌止痛，主治风寒感冒、前额头痛、鼻窦炎、牙痛、痔漏便血、白带、痈疖肿毒、烧伤。

（十）前胡属 Peucedanum L.

石防风

Peucedanum terebinthaceum (Fisch.) Fisch. ex Turcz.

蒙名：哈丹—疏古日根

生境：多年生、中生草本植物。生于山地林缘、山坡草地。

分布：科右前旗、科右中旗。

储量：约 10 吨。

药用价值：根入药，能止咳祛痰，主治感冒咳嗽、支气管炎。

（十一）防风属 Saposhnikovia Schischk.

防风

Saposhnikovia divaricata (Turcz.) Schischk.

蒙名：疏古日根

别名：关防风、北防风、旁风

生境：多年生、旱生草本植物。分布广泛，常为草原植被伴生种，也见于丘陵坡地、固定沙丘。

分布：科右前旗、科右中旗、扎赉特旗、突泉县、乌兰浩特市。

储量：约 15 吨。

药用价值：根入药（药材名：防风），能发表、祛风除湿、止痛，主治风寒感冒、头痛、周身尽痛、风湿痛、神经痛、破伤风、皮肤瘙痒。

（十二）峨参属 Anthriscus (Pers.) Hoffm.

峨参

Anthriscus sylvestris (L.) Hoffm.

蒙名：哈希勒吉

别名：山胡萝卜缨子

生境：多年生草本、中生植物。分布于林区，少见于草原的山地、林缘草甸、山谷灌丛林下。

分布：科右前旗、科右中旗。

储量：约 10 吨。

药用价值：根入药，为滋补强壮剂，主治脾虚食胀、肺虚咳嗽、水肿等。

（十三）阿魏属　Ferula L.

沙茴香

Ferula bungeana Kitag.

蒙名：汉—特木日

别名：硬阿魏、牛叫磨

生境：多年生草本、嗜沙旱生植物。常生于典型草原和荒漠草原地带的沙地。

分布：科右中旗。

储量：约 10 吨。

药用价值：全草及根入药，能清热解毒、消肿、止痛、抗结核，主治骨结核、淋巴结核、脓疡、扁桃体炎、肋间神经痛。

五十九、鹿蹄草科　Pyrolaceae

（一）鹿蹄草属　Pyrola L.

1. 鹿蹄草

Pyrola rotundifolia L.

蒙名：宝给音—突古日爱

别名：鹿衔草、鹿含草、圆叶鹿蹄草

生境：多年生、中生阴性常绿草本植物。生于山地林下或灌丛中。

分布：科右前旗、扎赉特旗、阿尔山市。

储量：约 10 吨。

药用价值：全草入药，能祛风除湿、强筋骨、止血、清热、消炎，主治风湿疼痛、肾虚腰痛、肺结核、咯血、衄血、慢性菌痢、急性扁桃体炎、上呼吸道感染等，外用治外伤出血。

2. 红花鹿蹄草

Pyrola incarnata Fisch. ex DC.

蒙名：乌兰—宝给音—突古日爱

生境：多年生、中生阴性常绿草本植物。生于山地针叶阔叶混交林、阔叶林及灌丛中。

分布：科右前旗、阿尔山市。

储量：约 10 吨。

药用价值：全草入药，能祛风除湿、强筋骨、止血、清热、消炎，主治风湿疼痛、肾虚腰痛、肺结核、咯血、衄血、慢性菌痢、急性扁桃体炎、上呼吸道感染等，外用治外伤出血。

（二）松下兰属　Hypopitys Hill

松下兰

Hypopitys monotropa Crantz.

蒙名：西归日勒—其其格

生境：多年生腐生草本、中生植物。生于山地落叶松下。

分布：阿尔山市。

储量：约 10 吨。

药用价值：全草浸剂能镇静、解痉、止咳，用于治疗痉挛性咳嗽、气管炎；其地下部分可作利尿、催吐剂。

六十、杜鹃花科 Ericaceae

（一）杜鹃花属 Rhododendron L.

1. 照山白

Rhododendron micranthum Turcz.

蒙名：查干—特日乐吉

别名：照白杜鹃、小花杜鹃

生境：常绿灌木、山地中生植物。生于山地林缘及林间，为山地林缘灌丛的建群种，组成茂密的照山白灌丛。

分布：科右前旗、科右中旗、阿尔山市。

储量：约10吨。

药用价值：叶入蒙药（蒙药名：哈日布日），能温中、开胃、祛“巴达干”、止咳祛痰、调元、滋补，主治消化不良、脘痞、胃痛、不思饮食、阵咳、气喘、肺气肿、营养不良、身体发僵、“奇哈”病。

2. 兴安杜鹃

Rhododendron dauricum L.

蒙名：特日乐吉

别名：达乌里杜鹃

生境：半常绿多分枝灌木，山地中生植物。生于山地落叶松林、桦木林下及林缘。

分布：科右前旗、扎赉特旗、阿尔山市。

储量：约15吨。

药用价值：叶入蒙药（蒙药名：冬青叶），能温中、开胃、祛“巴达干”、止咳祛痰、调元、滋补，主治消化不良、脘痞、胃痛、不思饮食、阵咳、气喘、肺气肿、营养不良、身体发僵、“奇哈”病。

（二）越橘属　Vaccinium L.

越橘

Vaccinium vitis-idaea L.

蒙名：阿力日苏

别名：红豆、牙疙瘩

生境：阴性耐寒中生、常绿矮小灌木。生于寒温针叶林下、落叶松林、白桦林下，也见于亚高山带。

分布：科右前旗、阿尔山市。

储量：约 10 吨。

药用价值：叶入药，作尿道消毒剂。

六十一、报春花科　Primulaceae

（一）报春花属　Primula L.

1．粉报春

Primula farinose L.

蒙名：嫩得格特—乌兰—哈布日西乐—其其格

别名：黄报春、红花粉叶报春

生境：多年生、草甸中生植物。生于低湿地草甸、沼泽化草甸、亚高山草甸及沟谷灌丛中，也可进入稀疏落叶松林下；分布数量在许多草甸群落中可达中等水平，或次优势种，开花时形成季相。

分布：科右前旗、扎赉特旗、阿尔山市。

储量：约 10 吨。

药用价值：全草入蒙药（蒙药名：叶拉莫唐），能消肿愈伤、解毒，主治疖痛、创伤、热性黄水病，多外用。

2. 翠南报春

Primula sieboldii E. Morren

蒙名：萨格萨嘎日—哈布日西乐—其其格

别名：樱草

生境：多年生、湿中生草本植物。生于山地林下、草甸、草甸化沼泽。

分布：科右前旗、扎赉特旗、阿尔山市。

储量：约 10 吨。

药用价值：根入药，能止咳、化痰、平喘，主治上呼吸道感染、咽炎、支气管炎、寒喘咳嗽。

3. 段报春

Primula maximowiczii Regel

蒙名：套日格—哈布日西格—其其格

别名：胭脂花、胭脂报春

生境：多年生、耐阴中生草本植物。生于山地林下、林缘以及山地草甸等腐殖质较丰富的潮湿生境。

分布：分布于科右前旗、阿尔山市。

储量：约 10 吨。

药用价值：全草有些部分作蒙药用（蒙药名：萨都克纳克福），能止痛、祛风，主治癫痫、头痛。

（二）点地梅属 Androsace L.

1. 点地梅

Androsace umbellata (Lour.) Merr.

蒙名：达邻—套布其

别名：喉咙草、铜钱草

生境：一年生、中生草本植物。生于山地林下、林缘、灌丛、草甸。

分布：科右前旗、扎赉特旗、阿尔山市。

储量：约 10 吨。

药用价值：全草入药，能清凉解毒、消肿止痛，主治扁桃体炎、咽喉炎、口腔炎、急性结膜炎、跌打损伤。也作蒙药用（蒙药名：叶拉莫唐），能消肿愈创、解毒，主治疖痈、创伤、热性黄水病。

2. 东北点地梅

Androsace filiformis Retz.

蒙名：那林—达邻—套布其

别名：丝点地梅

生境：一年生、中生草本植物。生于低湿草甸、沼泽草甸、山地、林缘及沟谷中。

分布：科右前旗、科右中旗、阿尔山市。

储量：约 10 吨。

药用价值：全草入药，能清凉解毒、消肿止痛，主治扁桃体炎、咽喉炎、口腔炎、急性结膜炎、跌打损伤。也作蒙药用（蒙药名：叶拉莫唐），能消肿愈创、解毒，主治疖痈、创伤、热性黄水病。

3. 北点地梅

Androsace septentrionalis L.

蒙名：塔拉音—达邻—套布其

别名：雪山点地梅

生境：一年生、旱中生草本植物。散生于草甸草原、砾石质草原、山地草甸、林缘及沟谷中。

分布：科右前旗、扎赉特旗。

储量：约 10 吨。

药用价值：全草作蒙药用（蒙药名：叶拉莫唐），能消肿愈创、解毒，主治疖痈、创伤、热性黄水病。

（三）珍珠菜属 Lysimachia L.

1. 黄莲花

Lysimachia davurica Ledeb.

蒙名：兴安乃—伊娃音—苏乐

生境：多年生、中生草本植物。生于草甸、灌丛、林缘及路旁。

分布：科右前旗、科右中旗、扎赉特旗、乌兰浩特市。

储量：约 10 吨。

药用价值：带根全草入药，能镇静、降压，主治高血压、失眠。

2. 狼尾花

Lysimachia barystachys Bunge

蒙名：侵娃音—苏乐

别名：重穗珍珠菜

生境：多年生、中生草本植物。生于草甸、沙地、山地灌丛及路旁。

分布：科右前旗、科右中旗、扎赉特旗、突泉县。

储量：约 10 吨。

药用价值：全草入药，能活血调经、散瘀消肿、利尿，主治月经不调、白带、小便不利、跌打损伤、痈疮肿毒。

六十二、白花丹科 Plumbaginaceae

补血草属 Limonium Mill.

二色补血草

Limonium bicolor (Bunge) Kuntze.

蒙名：义拉干—其其格

别名：苍蝇架、落蝇子花

生境：多年生草本植物、草原旱生杂类草。散生于草甸草原及山地，能适应沙质土、沙砾质土及轻度盐化土壤，也偶见于旱化的草甸群落中。

分布：科右中旗、扎赉特旗。

储量：约 10 吨。

药用价值：带根全草入药，能活血、止血、温中健脾、滋补强壮，主治月经不调、功能性子宫出血、痔疮出血、胃溃疡、诸虚体弱。

六十三、木樨科　Oleaceae

白蜡树属（梣属）　Fraxinus L.

花曲柳

Fraxinus rhynchophylla Hance.

蒙名：摸和特

别名：大叶白蜡树、大叶梣、苦枥白蜡树

生境：乔木、为山地阔叶林的混生树种，稍耐阴。

分布：扎赉特旗。

储量：约 10 吨。

药用价值：树皮和干皮入药（药材名：秦皮），能清热燥湿，主治痢疾、白带、目赤肿痛、结膜炎、角膜翳、关节酸痛。

六十四、龙胆科　Gentianaceae

（一）百金花属　Centaurium Hill

百金花

Centaurium pulchellum(Swartz) Druce var.altaicum (Griseb.) Hara

蒙名：森达日阿—其其格

别名：麦氏埃蕾

生境：一年生、湿中生草本植物。生于低湿草甸、水边。

分布：科右前旗、科右中旗。

储量：约 10 吨。

药用价值：带花的全草作为一种“地格达（地丁）”入药，能清热、消炎、退黄，主治肝炎、胆囊炎、头痛、发烧、牙痛、扁桃体炎。

（二）龙胆属　Gentiana L.

1. 鳞叶龙胆

Gentiana squarrosa Ledeb.

蒙名：希日根—主力根—其木格

别名：小龙胆、石龙胆

生境：一年生、中生草本植物。散生于山地草甸、旱化草甸及草甸草原。

分布：科右前旗。

储量：约 10 吨。

药用价值：全草入药，能清热利湿、解毒消痈，主治咽喉肿痛、阑尾炎、白带、尿血，外用治疮疡肿毒、淋巴结结核。

2. 达乌里龙胆

Gentiana dahurica Fisch.

蒙名：达古日—主力根—其木格

别名：小秦艽、达乌里秦艽

生境：多年生、中旱生草本植物，也是草甸草原的常见伴生种。生于草原、草甸草原、山地草原、灌丛。

分布：科右前旗、科右中旗、扎赉特旗、突泉县、乌兰浩特市、阿尔山市。

储量：约 10 吨。

药用价值：根入药（药材名：秦艽），能祛风湿、退虚热、止痛，主治风湿性关节炎、低热、小儿疳积发热。花入蒙药（蒙药名：

呼和棒杖），能清肺、止咳、解毒，主治肺热咳嗽、支气管炎、天花、咽喉肿痛。

3. 秦艽

Gentiana macrophylla Pall.

蒙名：套日格—主力根—其木格

别名：大叶龙胆、萝卜艽、西秦艽

生境：多年生、中生草本植物。生于山地草甸、林缘、灌丛与沟谷。

分布：科右前旗、科右中旗、扎赉特旗、阿尔山市。

储量：约 15 吨。

药用价值：根入药（药材名：秦艽），能祛风湿、退虚热、止痛，主治风湿性关节炎、低热、小儿疳积发热。花入蒙药（蒙药名：呼和基力吉），能清热、消炎，主治热性黄水病、炭疽、扁桃体炎。

4. 龙胆

Gentiana scabra Bunge.

蒙名：主力根—其木格

别名：龙胆草、胆草、粗糙龙胆

生境：多年生、中生草本植物。生于山地林缘、灌丛、草甸。

分布：科右前旗、扎赉特旗、阿尔山市。

储量：约 10 吨。

药用价值：根入药（药材名：龙胆），能清肝胆、利湿热、健胃，主治黄疸、肋痛、肝炎、胆囊炎、食欲不振、目赤、中耳炎、尿路感染、带状疱疹、急性湿疹、阴部湿痒。

5. 三花龙胆

Gentiana triflora Pall.

蒙名：勾日本—其其特—主力根—其木格

生境：多年生、中生草本植物。生于山地林缘、灌丛、草甸。

分布：阿尔山市。

储量：约 10 吨。

药用价值：根入药（药材名：龙胆），能清肝胆、利湿热、健胃，主治黄疸、胁痛、肝炎、胆囊炎、食欲不振、目赤、中耳炎、尿路感染、带状疱疹、急性湿疹、阴部湿痒。

6. 条叶龙胆

Gentiana manshurica Kitag.

蒙名：少布给日—主力根—其木格

别名：东北龙胆

生境：多年生、中生草本植物。生于山地林缘、灌丛、草甸。

分布：科右前旗、科右中旗、扎赉特旗、突泉县。

储量：约 10 吨。

药用价值：根入药（药材名：龙胆），能清肝胆、利湿热、健胃，主治黄疸、胁痛、肝炎、胆囊炎、食欲不振、目赤、中耳炎、尿路感染、带状疱疹、急性湿疹、阴部湿痒。

（三）扁蕾属　Gentianopsis Ma

1. 扁蕾

Gentianopsis barbata (Froel.) Ma

蒙名：乌苏图—特木日—地格达

别名：剪割龙胆

生境：一年生直立草本、中生植物。生于山坡林缘、灌丛、低湿草甸、沟谷及河滩砾石层中。

分布：科右前旗、科右中旗、阿尔山市。

储量：约 10 吨。

药用价值：全草入蒙药（蒙药名：特木日—地格达），能清热、利胆、退黄，主治肝炎、胆囊炎、头痛、发烧。

2. 中国扁蕾（变种）

Gentianopsis barbata (Froel.) Ma var. sinensis Ma

蒙名：特木日—地格达

生境：一年生直立草本、中生植物。生于山坡林缘、灌丛、低湿草甸、沟谷及河滩砾石层中。

分布：科右前旗、科右中旗、突泉县。

储量：约10吨。

药用价值：全草入蒙药（蒙药名：特木日—地格达），能清热、利胆、退黄，主治肝炎、胆囊炎、头痛、发烧。

（四）肋柱花属 Lomatogonium A. Br.

小花肋柱花

Lomatogonium micranthum H. Smith.

蒙名：巴嘎—哈比日干—其其格

别名：辐花侧蕊、肋柱花

生境：一年生、中生草本植物。生于林缘草甸、沟谷溪边、低湿草甸。

分布：突泉县。

储量：约10吨。

药用价值：全草入蒙药（蒙药名：地格达），能清热、利湿，主治黄疸、发烧、头痛、肝炎。

（五）獐牙菜属 Swertia L.

瘤毛獐牙菜

Swertia pseudochinensis Hara

蒙名：比拉出特—地格达

别名：紫花当药

生境：一年生、中生草本植物。生于山坡林缘、草甸。

分布：扎赉特旗。

储量：约 10 吨。

药用价值：全草入药，能清湿热、健胃，主治黄疸型肝炎、急性细菌性痢疾、消化不良。

（六）花锚属 Halenia Borkh.

花锚

Halenia corniculata (L.) Cornaz

蒙名：章古图—其其格

别名：西伯利亚花锚

生境：一年生、中生草本植物。生于山地林缘及低湿草甸。

分布：科右前旗、科右中旗、阿尔山市。

储量：约 10 吨。

药用价值：全草入药，能清热解毒、凉血止血，主治肝炎、脉管炎、外伤感染发烧、外伤出血。又入蒙药（蒙药名：希给拉—地格达），能清热、解毒、利胆、退黄，主治黄疸型肝炎、感冒、发烧、外伤感染、胆囊炎。

（七）睡菜属 Menyanthes L.

睡菜

Menyanthes trifoliata L.

蒙名：黑拉嘎害

生境：多年生、水生草本植物。生于河滩沼泽及山地藓类沼泽中，多零星散生。

分布：科右前旗、阿尔山市。

储量：约 10 吨。

药用价值：全草入药，能清热利尿、健胃、安神，主治胃炎、消化不良、胆囊炎、黄疸、高血压、心悸、失眠。

（八）荇菜属（莕菜属） Nymphoides Seguier

莕菜

Nymphoides peltata (S. G. Gmel.) Kuntze.

蒙名：扎木勒—额布斯

别名：莲叶荇菜、水葵、荇菜

生境：多年生、水生草本植物。生于池塘或湖泊中。

分布：扎赉特旗。

储量：约 10 吨。

药用价值：全草入药，能发汗、透疹、清热、利尿，主治感冒无汗、麻疹透发不畅、荨麻疹、水肿、小便不利，外用治毒蛇咬伤。

六十五、夹竹桃科 Apocynaceae

罗布麻属 Apcoynum

罗布麻

Apocynum venetum L.

蒙名：老布—奥鲁苏

别名：茶叶花、野麻、红麻

生境：直立半灌木或草本、耐盐中生植物。生于沙漠边缘、河漫滩、湖泊周围、盐碱地、沟谷及河岸沙地等。

分布：科右中旗、扎赉特旗。

储量：约 10 吨。

药用价值：叶入药（药材名：罗布麻叶），能清热利水、平肝安神，主治高血压、头晕、心悸、失眠。

六十六、萝藦科 Asclepiadaceae

（一）鹅绒藤属 Cynanchum L.

1. 紫花合掌消（变种）

Cynanchum amplexicaule (Sieb. et Zucc.) Hemsl. Makino

蒙名：额日义言—特木根—呼和

别名：合掌草、甜胆草

生境：多年生草本植物。生于低湿草甸及沙质地的旱中生植物。

分布：扎赉特旗。

储量：约10吨。

药用价值：根入药，能祛风、行气、消肿、解毒，主治风湿性关节炎、腰痛、偏头痛、跌打损伤、乳腺炎，外用治疗疮肿毒。

2. 白薇

Cynanchum atratum Bunge.

蒙名：伊麻干—呼和

别名：白前、老君须

生境：多年生、中生草本植物。生于山坡草甸、林缘、河边。

分布：科右前旗、扎赉特旗。

储量：约10吨。

药用价值：根及根茎入药，能清热凉血、利尿通淋、解毒疗疮，主治温邪伤营热、阴虚发热、骨黄发热、骨蒸劳热、产后血虚发热、热淋、血淋、痈疽肿毒。

3. 徐长卿

Cynanchum paniculatum (Bunge) Kitag.

蒙名：那林—好同和日

别名：了刁竹、土细辛

生境：多年生、旱中生草本植物。生于石质山地及丘陵的阳坡，多散生于草甸草原及灌丛中。

分布：科右前旗、科右中旗、扎赉特旗。

储量：约 15 吨。

药用价值：根及根茎入药（药材名：徐长卿），能解毒消肿、通经活络、止痛，主治风湿性关节痛、腰痛、牙痛、胃痛、痛经、毒蛇咬伤、跌打损伤，外用治神经性皮炎、荨麻疹、带状疱疹。

4. 地梢瓜

Cynanchum thesioides (Freyn) K. Schum.

蒙名：特木根—呼和

别名：沙奶草、地瓜瓢、沙奶奶、老瓜瓢

生境：多年生、旱生草本植物。生于干草原、丘陵坡地、沙丘、撂荒地、田埂。

分布：科右前旗、科右中旗、扎赉特旗、突泉县、乌兰浩特市、阿尔山市。

储量：约 10 吨。

药用价值：带果实的全草入药，能益气、通乳、清热降火、消炎止痛、生津止渴，主治乳汁不通、气血两虚、咽喉疼痛，外用治瘊子。种子作蒙药用（蒙药名：特莫根—呼和—都格木宁），能利胆、退黄、止泻，主治热性腹泻、痢疾、发烧。

5. 鹅绒藤

Cynanchum chinense R. Br.

蒙名：哲乐特—特木根—呼和

别名：祖子花

生境：多年生、中生草本植物。生于沙地、河滩地、田埂。

分布：科右中旗。

储量：约 10 吨。

药用价值：根及茎的乳汁入药，根能祛风解毒、健胃止痛，主治小儿食积；茎乳汁外敷，治性疣赘。

6. 白首乌

Cynanchum bungei Decne.

蒙名：查干—特木根—呼和

别名：何首乌、柏氏白前、野山药

生境：多年生、中生草本植物。生于山地灌丛、林缘草甸、沟谷，也见于田间及撂荒地。

分布：科右前旗、科右中旗。

储量：约 10 吨。

药用价值：块根入药（药材名：白首乌），能补肝肾、强筋骨、益精血，主治肝肾不足、腰膝酸软、失眠、健忘。

（二）萝藦属 Metaplexis R. Br.

萝藦

Metaplexis japonica (Thunb.) Makino

蒙名：阿古乐朱日—吉米斯

别名：赖瓜瓢、婆婆针线包

生境：多年生、中生草质藤本植物。生于河边沙质坡地。

分布：科右前旗、扎赉特旗。

储量：约 10 吨。

药用价值：全株可药用，果可治劳伤；根可治跌打损伤；茎叶可治小儿疳积等。

六十七、旋花科 Convolvulaceae

（一）打碗花属 Calystegia R. Br.

1. 打碗花

Calystegia hederacea Wall.

蒙名：阿牙根—其其格

别名：小旋花

生境：一年生缠绕或平卧草本植物，是常见的中生杂草。生于耕地、撂荒地和路旁，在溪边或潮湿生境中生长最好，并可聚生成丛。

分布：全盟各地。

储量：约 50 吨。

药用价值：根茎及花入药，根茎能健脾益气、利尿、调经活血，主治脾虚消化不良、月经不调、白带、乳汁稀少、促进骨折和创伤的愈合；花外用治牙痛。

2. 宽叶打碗花

Calystegia sepium (L.) RBR

蒙名：乌日根—阿牙根—其其格

别名：篱天剑、旋花

生境：多年生草本植物，草甸中生杂类草。生于撂荒地、农田、路旁、溪边草丛或山地林缘草甸中。

分布：全盟各地。

储量：约 50 吨。

药用价值：根入药，能清热利湿、理气健脾，主治急性结膜炎、咽喉炎、白带、疝气。

（二）旋花属 Convolvulus L.

1. 田旋花

Convolvulus arvensis L.

蒙名：塔拉音—色得日根那

别名：箭叶旋花、中国旋花

生境：细弱蔓生或微缠绕的多年生草本，常形成缠结的密丛。习见的中生农田杂草。生于田间、撂荒地、村舍与路旁，并可见于轻度盐化的草甸中。

分布：全盟各地。

储量：约 50 吨。

药用价值：全草、花和根入药，能活血调经、止痒、祛风；全草主治神经性皮炎；花主治牙痛；根主治风湿性关节痛。

2. 银灰旋花

Convolvulus ammannii Desr.

蒙名：宝日—额力根讷

别名：阿氏旋花

生境：多年生矮小草本植物。为典型旱生植物，是荒漠草原和典型草原群落的常见伴生植物。

分布：全盟各地。

储量：约 50 吨。

药用价值：全草入药，能解表、止咳，主治感冒、咳嗽。

（三）菟丝子属　Cuscuta L

1. 日本菟丝子

Cuscuta japonica Choisy.

蒙名：比拉出特—希日—奥日义羊古

别名：金灯藤

生境：一年生寄生草本。寄生于草本植物体上，常见寄生于草原植物及草甸植物。

分布：科右前旗、科右中旗。

储量：约 10 吨。

药用价值：种子入药（药材名：菟丝子），能补阳肝肾、益精明目、安胎，主治腰膝酸软、阳痿、遗精、头晕目眩、视力减退、胎动不安。植株也入蒙药（蒙药名：希拉—乌日阳古），能清热、解毒、止咳，主治肺炎、肝炎、中毒性发烧。

2. 菟丝子

Cuscuta chinensis Lam

蒙名：希日—奥日义羊古

别名：豆寄生、无根草、金丝藤

生境：一年生寄生草本。寄生于草本植物上，多寄生在豆科植物上，故有“豆寄生”之名。

分布：兴安盟各旗县市都有分布。

储量：约 10 吨。

药用价值：种子入药（药材名：菟丝子），能补阳肝肾、益精明目、安胎，主治腰膝酸软、阳萎、遗精、头晕目眩、视力减退、胎动不安。菟丝子也入蒙药（蒙药名：希拉—乌日阳古），能清热、解毒、止咳，主治肺炎、肝炎、中毒性发烧。

六十八、紫草科 Boraginaceae

（一）紫筒草属 Stenosolenium.

紫筒草

Stenosolenium saxatile (Pall.) Turcz.

蒙名：敏吉音—扫日

别名：紫根根

生境：多年生、草原旱生草本植物。生于干草原、沙地、低山丘陵的石质坡地和路旁。

分布：科右中旗。

储量：约 10 吨。

药用价值：全草入药，能祛风除湿，主治小关节疼痛。根作蒙药用（蒙药名：敏吉尔—扫昌），能清热、止血、透疹，主治预防麻疹、肾炎、急性膀胱炎、尿道炎、肺热咳嗽、肺脓、各种出血、血尿、淋病、麻疹。

（二）琉璃草属　Cynoglossum L.

大果琉璃草

Cynoglossum divaricatum S.

蒙名：囊给—章古

别名：大赖鸡毛子、展枝倒提壶、粘染子

生境：二年生或多年生、旱中生草本植物。生于沙地、干河谷的沙砾质冲积物上以及田边、路旁及村边，为常见的农田杂草。

分布：科右前旗、科右中旗、乌兰浩特市。

储量：约 10 吨。

药用价值：果和根入药，果能收敛、止泻，主治小儿腹泻，根能清热解毒，主治扁桃体炎，疮痈肿。

（三）鹤虱属　Lappula V. Wolf.

卵盘鹤虱

Lappula redowskii (Hornem.) Greene

蒙名：塔巴格特—闹朝日嘎那

别名：小粘染子

生境：一年生、中旱生草本植物。生于山麓砾石质坡地、河岸及湖边沙地，也常生于村旁路边。

分布：科右前旗、乌兰浩特市。

储量：约 10 吨。

药用价值：果实能驱虫、止痒，主治蛔虫病、蛲虫病、虫积腹痛。也入蒙药（蒙药名：囊给—章古），能驱虫、止痒，主治蛲虫病、绕虫病、虫积腹痛。

六十九、唇形科 Labiatae

（一）黄芩属 Scutellaria L.

1. 黄芩

Scutellaria baicalensis Georgi, Bemerk.

蒙名：混芩

别名：黄芩茶

生境：多年生草本、广幅旱生植物。多生于山地、丘陵的砾石坡地及沙质土上，为草甸草原及山地草原的常见种，在线叶菊草原中可成为优势植物之一。

分布：科右前旗、科右中旗、扎赉特旗、突泉县、乌兰浩特市。

储量：约100吨。

药用价值：根入药（药材名：黄芩），能祛湿热、泻火、解毒、安胎，主治温病发热、肺热咳嗽肺炎、咯血、黄疸、肝炎、痢疾、目赤、胎动不安、高血压症、痈肿疖疮。也作蒙医药用，效果相同。

2. 粘毛黄芩

Scutellaria viscidula Bunge

蒙名：尼勒查嘎义—混芩

别名：黄花黄芩、腺毛黄芩

生境：多年生、中旱生草本植物。生于干旱草原的伴生植物，也见于荒漠草原带的沙质土上，在农田、撂荒地及路旁可聚生成丛。

分布：科右中旗、扎赉特旗。

储量：约20吨。

药用价值：根入药（药材名：黄芩），能祛湿热、泻火、解毒、安胎，主治温病发热、肺热咳嗽肺炎、咯血、黄疸、肝炎、痢疾、目赤、胎动不安、高血压症、痈肿疖疮。也作蒙医药用，效果相同。

3. 并头黄芩

Scutellaria scordifolia Fisch. ex Schrank

蒙名：好斯—其其格特—混芩

别名：头巾草

生境：多年生草本植物。生于河滩草甸、山地草甸、山地林缘、林下以及撂荒地、路旁、村舍附近，为中生略耐旱的植物，其生境较为广泛。

分布：科右前旗、阿尔山市。

储量：约 10 吨。

药用价值：全草入药，味微苦，性凉。能清热解毒、利尿，主治肝炎、阑尾炎、跌打损伤、蛇咬伤。

（二）夏至草属 Lagopsis Bunge ex Benth.

夏至草

Lagopsis supina (Steph.)

蒙名：套来音—奥如乐

生境：多年生、旱中生草本植物。生于田野、撂荒地及路旁，为农田杂草，常在撂荒地上形成小群聚。

分布：科右中旗、扎赉特旗。

储量：约 10 吨。

药用价值：全草入药，能养血调经，主治贫血性头晕、半身不遂、月经不调。也作蒙药用（蒙药名：查干西莫体格），能消炎利尿，主治沙眼、结膜炎、遗尿。

（三）青兰属 Dracocephalum L.

香青兰

Dracocephalum moldavica L.

蒙名：乌努日图—比日羊古

别名：山薄荷

生境：一年生草本、中生杂草。生于山坡、沟谷、河谷砾石滩地。

分布：全盟各地。

储量：约 10 吨。

药用价值：地上部分作蒙药用（蒙药名：昂凯鲁莫勒—比日羊古），能泻肝炎、清胃热、止血，主治黄疸、吐血、衄血、胃炎、头痛、咽痛。

（四）糙苏属　Phlomis L.

1. 串铃草

Phlomis mongolica Turcz.

蒙名：蒙古乐—奥古乐今—土古日爱

别名：毛尖茶、野洋芋

生境：多年生、旱中生草本植物。生于草原地带的草甸、草甸化草原、山地沟谷、撂荒地及路边，也见于荒漠区的山地。

分布：科右前旗。

储量：约 10 吨。

药用价值：块根入蒙药（蒙药名：露格莫尔—奥古乐今—土古日爱），能祛风清热、止咳化痰、生肌敛疤，主治感冒咳嗽、支气管炎、疮疡火不愈合。

2. 块根糙苏

Phlomis tuberosa L.

蒙名：土木斯得—奥古乐今—土古日爱

生境：多年生草本、草甸旱中生植物。生于山地沟谷草甸、山地灌丛、林缘，也见于草甸化杂类草草原中。

分布：科右中旗。

储量：约 10 吨。

药用价值：块根作蒙药用（蒙药名：露格莫尔—奥古乐今—土古日爱），能祛风清热、止咳化痰、生肌敛疤，主治感冒咳嗽、支气管炎、疮疡火不愈合。

3. 糙苏

Phlomis umbrosa Turcz.

蒙名：奥古乐今—土古日爱

生境：多年生草本、中生植物。生于阔叶林下及山地草甸。

分布：科右中旗、扎赉特旗。

储量：约 10 吨。

药用价值：全草及根入药。全草（药材名：糙苏），能散风、解毒、止咳、祛痰，主治感冒、慢性支气管炎、疖肿；根能清热消肿，主治疮痈肿毒、跌打损伤。根作蒙药用（蒙药名：露格莫尔—奥古乐今—土古日爱），能祛风清热、止咳化痰、生肌敛疤，主治感冒咳嗽、支气管炎、疮疡火不愈合。

（五）野芝麻属　Lamium L.

短柄野芝麻

Lamium album L.

蒙名：敖乎日—哲日立格—麻阿吉

生境：多年生、中生草本植物，为森林草甸种。生于山地林缘草甸。

分布：科右前旗、扎赉特旗。

储量：约 5 吨。

药用价值：全草和花入药。全草能散瘀、消积、调经、利湿，主治跌打损伤、小儿疳积、白带、痛经、月经不调、肾炎及膀胱炎；花能调经、利湿，主治月经不调、白带、宫颈炎及小便不利。

（六）益母草属　Leonurus L.

1. 益母草

Leonurus japonicus Houtt.

蒙名：都日伯乐吉—额布斯

别名：益母蒿、坤草、龙昌昌

生境：一年生或二年生草本植物，中生杂草。生于田野、沙地、灌丛、疏林、草甸草原及山地草甸等多种生境。

分布：科右前旗、扎赉特旗、乌兰浩特市。

储量：约 10 吨。

药用价值：全草入药（药材名：益母草），能活血调经、利尿消肿，主治月经不调、痛经、经闭、恶露不尽、急性肾炎水肿。果实入药（药材名：茺蔚子），能活血调经、清肝明目，主治月经不调、经闭、痛经、目赤肿痛、结膜炎、前房出血、头晕胀痛。也作蒙药用（蒙药名：都日本吉—额布斯—乌布其干），能活血、调经、利尿、降血压，主治高血压、肾炎、月经不调、火眼。

2. 细叶益母草

Leonurus sibiricus L.

蒙名：那林—都日伯乐吉—额布斯

别名：益母蒿、龙昌菜

生境：一年生或二年生草本植物，旱中生杂草。散生于石质丘陵、砾质草原、杂木林、灌丛、山地草甸等生境。

分布：科右前旗、科右中旗、扎赉特旗、乌兰浩特市。

储量：约 10 吨。

药用价值：全草入药（药材名：益母草），能活血调经、利尿消肿，主治月经不调、痛经、经闭、恶露不尽、急性肾炎水肿。果实入药（药材名：茺蔚子），能活血调经、清肝明目，主治月经不调、经闭、痛经、目赤肿痛、结膜炎、前房出血、头晕胀痛。也作蒙药用（蒙药名：都日本—吉额布斯—乌布其干），能活血、调经、利尿、降血压，主治高血压、肾炎、月经不调、火眼。

（七）百里香属　Thymus L.

亚洲百里香（变种）
Thymus serpyllum L.

蒙名：阿紫牙音—岗嘎—额布斯

别名：地椒

生境：小半灌丛。草原旱生植物。广泛生于典型草原带的平原沙壤质土，常为草原群落的伴生种，在表土常态侵蚀较强烈的区域和地段上，则往往形成百里香建群的草原群落演替变型。

分布：科右前旗、科右中旗、扎赉特旗。

储量：约20吨。

药用价值：全草入药（药材名：地椒），有小毒，能祛风解表，行气止痛。主治感冒、头痛、牙痛、遍身疼痛，腹胀冷痛；外用防腐杀虫。

（八）薄荷属　Mentha L.

薄荷
Mentha canadensis Linnaeus

蒙名：巴得日阿西

生境：多年生、湿中生草本植物。生于水旁低湿地，如湖滨草甸、河滩沼泽草甸。

分布：科右前旗、科右中旗、扎赉特旗。

储量：约10吨。

药用价值：地上部分入药（药材名：薄荷），能祛风热、清头目，主治热感冒、头痛、目赤、咽喉肿痛、口舌生疮、牙痛、荨麻疹、风疹、麻疹初起。

（九）地笋属　Lycopus L.

地笋

Lycopus lucidus Turcz. ex Benth.

蒙名：给拉嘎日—额布斯

别名：地瓜苗、泽兰

生境：多年生、湿中生草本植物。生于森林区、森林草原带的河滩草甸、沼泽化草甸及其他低湿地生境中。

分布：科右前旗、科右中旗、扎赉特旗、阿尔山市。

储量：约10吨。

药用价值：全草入药（药材名：泽兰），能活血化瘀、行水消肿。主治月经不调、经闭、水肿、产后瘀血腹痛。

（十）香茶菜属　Lsodon(Benth.) Kudo.

蓝萼香茶菜

Lsodon japonicus var. glaucocalyx (Maximowicz) H.W.Li

蒙名：呼和—刀格替—其其格

生境：多年生草本、中生植物。生于山地阔叶林林下、林缘与灌丛中，也见于山地沟谷及较湿润的撂荒地。

分布：科右前旗、科右中旗。

储量：约10吨。

药用价值：地上部分入药，能清热解毒、活血化瘀，主治感冒、咽喉肿痛、扁桃体炎、胃炎、肝炎、乳腺炎、癌症（食管癌、贲门癌、肝癌、乳腺癌）初起、闭经、跌打损伤、关节痛、蚊虫咬伤。

七十、茄科 Solanaceae

（一）枸杞属 Lycium L.

枸杞

Lycium chinense Miller.

蒙名：侵娃音—哈日漠格

别名：枸杞子、狗奶子

生境：中生灌木。生于路旁、村舍、田埂及山地丘陵的灌丛中。

分布：科右中旗。

储量：约 10 吨。

药用价值：果实入药（药材名：枸杞子），能滋补肝肾、益精明目，主治目昏、眩晕、耳鸣、腰膝酸软、糖尿病；根皮入药（药材名：地骨皮），能清虚热、凉血，主治阴虚潮热、盗汗、心烦、口渴、咳嗽、咯血。也入蒙药（蒙药名：旁米巴勒），能活血、散瘀，主治乳腺炎、血痞、心热、阵热、血盛症。

（二）天仙子属 Hyoscyamus L.

天仙子

Hyoscyamus niger L.

蒙名：特讷格—额布斯

别名：山烟子、薰牙草

生境：一或二年生草本植物，中生杂草。生于村舍、路旁及田野。

分布：全盟各地。

储量：约 10 吨。

药用价值：种子入药（药材名：莨菪子，也称天仙子），能解痉、止痛、安神，主治胃痉挛、喘咳、癫狂。莨菪子也入蒙药（蒙药名：莨菪），能解痉、止痛、安神，主治胃痉挛、喘咳、癫狂。

（三）茄属　Solanum L.

1. 龙葵

Solanum nigrum L.

蒙名：闹海音—乌吉马

别名：天茄子

生境：一年生草本、中生杂草。生于路旁、村边、水沟边。

分布：全盟各地。

储量：约 10 吨。

药用价值：全草入药，能清热解毒、利尿、止血、止咳，主治疔疮肿毒、气管炎、癌肿、膀胱炎、小便不利、痢疾、咽喉肿痛。

2. 青杞

Solanum septemlobum Bunge

蒙名：烘—和日烟—尼都

别名：草枸杞、野枸杞、红葵

生境：多年生草本、中生杂类草。生于路旁、林下及水边。

分布：科右前旗。

储量：约 10 吨。

药用价值：地上部分药用，可清热解毒，主治咽喉肿痛。

（四）曼陀罗属　Datura L.

1. 曼陀罗

Datura stramonium L.

蒙名：满得乐特—其其格

别名：耗子阎王

生境：一年生草本、高大中生杂草。野生于路旁、住宅旁以及撂荒地上。

分布：科右前旗、科右中旗、乌兰浩特市。

储量：约10吨。

药用价值：花入药，能平喘镇咳、麻醉、止痛，主治哮喘咳嗽、胃痛，用于手术麻醉。叶和种子也作药用。

2. 洋金花

Datura metel L.

蒙名：查干—满得乐特—其其格

别名：白花曼陀罗

生境：一年生高大草本植物。常生于向阳坡地或住宅旁。

分布：全盟各地。

储量：约10吨。

药用价值：花入药，能平喘镇咳、麻醉、止痛，主治哮喘咳嗽、胃痛，用于手术麻醉。叶和种子也作药用。

七十一、玄参科 Scrophulariaceae

（一）通泉草属 Mazus Lour.

弹刀子菜

Mazus stachydifolius (Turcz.) Maxim.

蒙名：麻主斯—额布斯

生境：多年生、中生草本植物。生于林缘及湿润草甸。

分布：科右前旗、扎赉特旗、突泉县、阿尔山市。

储量：约10吨。

药用价值：全草入药，能解蛇毒，主治毒蛇咬伤。

（二）柳穿鱼属 Linaria Mill.

柳穿鱼

Linaria vulgaris Subsp. chinensis(Bunge ex debeaux) D. Y. Hong

蒙名：好宁—扎吉鲁希

生境：多年生、旱中生草本植物。生于山地草甸、沙地及路旁。

分布：科右前旗、科右中旗、扎赉特旗。

储量：约 10 吨。

药用价值：全草入药（蒙药名：浩尼—扎吉鲁西），能清热解毒、消肿、利胆退黄，主治瘟疫、黄疸、烫伤、伏热等。

（三）腹水草属 Veronicastrum Heist. ex Farbic.

草本威灵仙

Veronicastrum sibiricum (L.) Pennell.

蒙名：扫宝日嘎拉吉

别名：轮叶婆婆纳、斩龙剑

生境：多年生、中生草本植物。生于山地阔叶林林下、林缘、草甸及灌丛中。

分布：科右前旗、科右中旗、阿尔山市。

储量：约 10 吨。

药用价值：全草入药，能祛风除湿、解毒消肿、止痛止血，主治风湿性腰腿疼、膀胱炎，外用治创伤出血。

（四）婆婆纳属 Veronica L.

1. 细叶婆婆纳

Veronica linariifolia Pall.

蒙名：那林—侵达干

生境：多年生、旱中生草本植物。生于山坡草地、灌丛间。

分布：科右前旗、科右中旗、扎赉特旗。

储量：约 20 吨。

药用价值：全草入药，能祛风湿、解毒止痛，主治风湿性关节痛。

2. 北水苦荬

Veronica anagallis—aquatica L.

蒙名：奥存—侵达干—苏古乐

别名：水苦荬、珍珠草、秋麻子

生境：多年生、湿生草本植物。生于溪水边或沼泽地。

分布：科右前旗、科右中旗、扎赉特旗。

储量：约 10 吨。

药用价值：果实带虫瘿的全草入药，能活血止血、解毒消肿，主治咽喉肿痛、肺结核咳血、风湿疼痛、月经不调、血小板减少性紫癜、跌打损伤；外用治骨折、痈疖肿毒。也入蒙药（蒙药名：查干曲麻之），能祛黄水、利尿、消肿，主治水肿、肾炎、膀胱炎、关节炎。

3. 水苦荬

Veronica undulata Wall.

蒙名：奥存—侵达干

生境：多年生或一年生、湿生草本植物。生于水边或沼泽地。

分布：科右中旗。

储量：约 10 吨。

药用价值：果实带虫瘿的全草入药，能活血止血、解毒消肿，主治咽喉肿痛、肺结核咳血、风湿疼痛、月经不调、血小板减少性紫癜、跌打损伤；外用治骨折、痈疖肿毒。也入蒙药（蒙药名：查干曲麻之），能祛黄水、利尿、消肿，主治水肿、肾炎、膀胱炎、关节炎。

（五）山萝花属　Melampyrum L.

山萝花

Melampyrum roseum Maxim.

蒙名：米乐干那

生境：一年生直立草本、中生植物。生于疏林林下、林缘、林间草甸及灌丛中。

分布：扎赉特旗。

储量：约 10 吨。

药用价值：全草及根入药，全草能清热解毒，主治痈肿疮毒。

（六）松蒿属　Phtheirospermum Bunge

松蒿

Phtheirospermum japonicum (Thunb.) Kanitz

蒙名：扎拉哈格图—额布斯

别名：小盐灶草

生境：一年生、中生草本植物。生于山地灌丛及沟谷草甸。

分布：科右前旗、科右中旗。

储量：约 10 吨。

药用价值：全草入药，能清热、利湿，主治湿热黄疸、水肿。

（七）小米草属　Euphrasi L.

小米草

Euphrasia pectinata Ten.

蒙名：巴希干那

生境：一年生、中生草本植物。生于山地草甸、草甸草原以及林缘、灌丛。

分布：科右前旗。

储量：约 10 吨。

药用价值：全草入药，能清热解毒，主治咽喉肿痛、肺炎咳嗽、口疮。

（八）疗齿草属 Odontites Ludwi

疗齿草

Odontites serotina (Lam.) Dum.

蒙名：宝日—巴西嘎

别名：齿叶草

生境：一年生、广幅中生草本植物。生于低湿草甸及水边。

分布：科右前旗、科右中旗、扎赉特旗。

储量：约 10 吨。

药用价值：地上部分作蒙药用（蒙药名：巴西嘎），有小毒，能清热燥湿、凉血止痛，主治肝火头痛、肝胆瘀热、瘀血作痛。

（九）马先蒿属 Pedicularis L.

1. 红纹马先蒿

Pedicularis striata Pall.

蒙名：乌兰—扫达拉特—好宁—额伯日—其其格

别名：细叶马先蒿

生境：多年生、中生草本植物。生于山地草甸草原、林缘草甸或疏林中。

分布：科右前旗、科右中旗、扎赉特旗、阿尔山市。

储量：约 10 吨。

药用价值：全草作蒙药用（蒙药名：芦格鲁色日步），能利水涩精，主治水肿、遗精、耳鸣、口干舌燥、痈肿等。

2. 返顾马先蒿

Pedicularis resupinata L.

蒙名：好宁—额伯日—其其格

生境：多年生、中生草本植物。生于山地林下、林缘草甸及沟谷草甸。

分布：科右前旗、科右中旗、阿尔山市。

储量：约 10 吨。

药用价值：全草作蒙医药用（蒙医药名：浩尼—额伯日—其其格），能清热、解毒，主治肉食中毒、急性胃肠炎。

3. 穗花马先蒿

Pedicularis spicata Pall.

蒙名：图如特—好宁—额伯日—其其格

生境：一年生、中生草本植物。生于林缘草甸、河滩草甸及灌丛中。

分布：科右前旗、阿尔山市。

储量：约 10 吨。

药用价值：全草作蒙药用（蒙药名：芦格鲁纳克福），能清热、解毒，主治肉食中毒、急性胃肠炎。

（十）阴行草属 Siphonostegia Benth.

阴行草

Siphonostegia chinensis Binth.

蒙名：希日—乌如乐—其其格

别名：刘寄奴、金钟茵陈

生境：一年生、中生草本植物。生于山坡与草地上。

分布：科右前旗、科右中旗、扎赉特旗。

储量：约 20 吨。

药用价值：全草入药（药材名：刘寄奴），能清热利湿、凉血祛痰，主治黄疸型肝炎、尿路结石、小便不利、便血、外伤出血。

（十一）芯芭属　Cymbaria L.

达乌里芯芭
Cymbaria daurica L.
蒙名：兴安乃—哈吞—额布斯
别名：芯芭、大黄花、白蒿茶
生境：多年生、旱生草本植物。生于典型草原、荒漠草原及山地草原上。
分布：科右前旗、科右中旗、扎赉特旗。
储量：约 10 吨。
药用价值：全草入药，能祛风湿、利尿、止血，主治风湿性关节炎、月经过多、吐血、衄血、便血、外伤出血、肾炎水肿、黄水疮。也作蒙药用（蒙药名：韩琴色日高），能祛风湿、利尿、止血，主治风湿性关节炎、月经过多、吐血、衄血、便血、外伤出血、肾炎水肿、黄水疮。

七十二、紫葳科　Bignoniaceae

角蒿属　Incarvillea Juss.

角蒿
Incarvillea sinensis Lam.
蒙名：乌兰—套鲁木
别名：透骨草
生境：一年生草本、中生杂草。生于草原区的山地、沙地、河滩、河谷，也生于田野、撂荒地及路边、宅旁。
分布：科右前旗、科右中旗、扎赉特旗。
储量：约 10 吨。
药用价值：地上部分为透骨草的一种，能祛风湿、活血、止痛，主治风湿性关节痛、筋骨拘挛、瘫痪、疮痈肿毒。种子和全草作蒙药用（蒙药名：乌兰—陶拉麻），能消食利肺、降血压，主治胃病、消化不良、耳流脓、月经不调、高血压、咳血。

七十三、列当科 Orobanchaceae

列当属 Orobanche L.

1. 列当

Orobanche coerulescens Steph.

蒙名：特木根—苏乐

别名：兔子拐棍、独根草

生境：二年生或多年生草本、根寄生植物。寄生在蒿属植物的根上，习见于寄生在冷蒿、白莲蒿、黑沙蒿、南牡蒿、龙蒿等。生于固定或半固定沙丘、向阳山坡、山沟草地。

分布：全盟各地。

储量：约 10 吨。

药用价值：全草入药，能补肾助阳、强筋骨，主治阳痿、腰腿冷痛、神经官能症、小儿腹泻等。外用消肿，也作蒙药用（蒙药名：特木根—苏乐），主治炭疽。

2. 黄花列当

Orobanche pycnostachya Hance

蒙名：希日—特木根—苏乐

别名：独根草

生境：二年生或多年生草本、根寄生植物。寄主为蒿属植物，主要有黑沙蒿、白莲蒿等。生于固定或半固定沙丘、山坡、草原。

分布：科右前旗。

储量：约 10 吨。

药用价值：全草入药，能补肾助阳、强筋骨，主治阳痿、腰腿冷痛、神经官能症、小儿腹泻等。外用消肿，也作蒙药用（蒙药名：特木根—苏乐），主治炭疽。

3. 弯管列当

Orobanche cernua Loefling.

蒙名：阿紫牙音—特木根—苏乐

别名：欧亚列当

生境：一年生、二年生或多年生草本、根寄生植物。寄生在蒿属的根上。

分布：科右中旗。

储量：约 10 吨。

药用价值：全草入药，能补肾助阳、强筋骨，主治阳痿、腰腿冷痛、神经官能症、小儿腹泻等。外用治消肿，也作蒙药用（蒙药名：特木根—苏乐），主治炭疽。

七十四、车前科　Plantaginaceae

车前属　Plantago L.

1. 平车前

Plantago depressa Willd.

蒙名：吉吉格—乌和日—乌日根讷

别名：车前草、车轱辘菜、车串串

生境：一年生或二年生、中生草本植物。生于草甸、轻度盐化草甸，也见于路旁、田野、居民点附近。

分布：全盟各地。

储量：约 10 吨。

药用价值：种子与全草入药（药材名：车前子），种子能清热、利尿、明目、祛痰，主治小便不利、泌尿系统感染、结石、肾炎水肿、暑湿泄泻、肠炎、目赤肿痛、痰多咳嗽等；全草能清热、利尿、凉血、祛痰，主治小便不利、尿路感染、暑湿泄泻、痰多咳嗽等；

也作蒙药用（蒙药名：乌和日—乌日根讷），能止泻利尿，主治腹泻、水肿、小便淋痛。

2. 大车前

Plantago major L.

蒙名：陶木—乌和日—乌日根讷

生境：多年生、中生草本植物。多生于山谷、路旁、沟渠边、河边、田边潮湿处。

分布：科右前旗。

储量：约10吨。

药用价值：全草入药，有利尿作用；种子有镇咳、祛痰、止泻的作用。

3. 车前

Plantago asiatica L.

蒙名：乌和日—乌日根讷

别名：大车前、车轱辘菜、车串串

生境：多年生、中生草本植物。生于草甸、沟谷、耕地、田野及路旁。

分布：全盟各地。

储量：约10吨。

药用价值：种子与全草入药（药材名：车前子），种子能清热、利尿、明目、祛痰，主治小便不利、泌尿系统感染、结石、肾炎水肿、暑湿泄泻、肠炎、目赤肿痛、痰多咳嗽等；全草能清热、利尿、凉血、祛痰，主治小便不利、尿路感染、暑湿泄泻、痰多咳嗽等。也作蒙药用（蒙药名：乌和日—乌日根讷），能止泻利尿，主治腹泻、水肿、小便淋痛。

七十五、茜草科 Rubiaceae

（一）拉拉藤属 Galium L.

1. 蓬子菜

Galium verum L.

蒙名：乌如木杜乐

别名：松叶草

生境：多年生、中生草本植物。生于草甸草原、杂类草草甸、山地林缘及灌丛中，常成为草甸草原的优势植物之一。

分布：科右前旗、科右中旗、扎赉特旗、阿尔山市。

储量：约 20 吨。

药用价值：全草入药，能活血去瘀、解毒止痒、利尿、通经，主治疮痈中毒、跌打损伤、经闭、腹水、蛇咬伤、风疹瘙痒。

2. 猪殃殃

Galium aparine L. var. *tenerum* (Gren. et Godr.) Reich.

蒙名：闹朝干—乌如木杜乐

别名：爬拉殃

生境：一年生或二年生、中生草本植物。生于山地石缝、阴坡、山沟湿地、山坡灌丛下或路旁。

分布：科右前旗、科右中旗。

储量：约 10 吨。

药用价值：全草入药，有清热解毒、活血通络、消肿止痛之功效。

（二）茜草属 Rubia L.

茜草

Rubia cordifolia L.

蒙名：马日那

别名：红丝线、粘粘草

生境：多年生攀缘、中生草本植物。生于山地林下、林缘、路旁草丛、沟谷草甸及河边。

分布：科右前旗、科右中旗、扎赉特旗。

储量：约 10 吨。

药用价值：根入药（药材名：茜草），能凉血、止血、祛瘀、通经，主治吐血、衄血、崩漏、经闭、跌打损伤。也作蒙药用（蒙药名：马日那），能清热凉血、止泻、止血，主治赤痢、肺炎、肾炎、尿血、吐血、衄血、便血、血崩、产褥热、麻疹。

七十六、忍冬科 Caprifoliaceae

（一）荚蒾属 Viburnum L.

鸡树条荚蒾（变种）

Viburnum opulus L. subsp. calvescens (Rehd.) Sugim

蒙名：乌兰—柴日

别名：天目琼花

生境：性喜阳光的中生灌木。常生于山地林缘或杂木林中，也见于山地灌丛。

分布：科右前旗、乌兰浩特市。

储量：约 20 吨。

药用价值：嫩枝、叶及果实入药，嫩枝主治风湿性关节炎、腰腿痛、跌打损伤，叶外用治疮疖、癣、皮肤瘙痒；果治急、慢性气管炎，咳嗽。

（二）接骨木属　Sambucus L.

1. 接骨木

Sambucus williamsii Hance

蒙名：宝棍—宝拉代

别名：野杨树

生境：生于山地灌丛、林缘及山麓，为中生灌木。

分布：扎赉特旗。

储量：约 20 吨。

药用价值：全株入药，能接骨续筋、活血止痛、祛风利湿，主治骨折、跌打损伤、风湿性关节炎、痛风、大骨节病、急性慢性肾炎；外用治创伤出血。茎干作蒙药用（蒙药名：干达嘎利），能止咳、解表、清热，主治感冒咳嗽、风热。

2. 朝鲜接骨木

Sambucus coreana (Nakai) Kom.et. Alis.

蒙名：苏龙古斯—宝棍—宝拉代

别名：马尿烧

生境：中生灌木。喜生于山地灌丛、林缘及山坡。

分布：科右前旗、阿尔山市。

储量：约 20 吨。

药用价值：枝、叶可入药，主治筋骨折伤或挫伤。

3. 东北接骨木

Sambucus Williamsii Hance

蒙名：蔓古—宝棍—宝拉代

别名：马尿烧

生境：中生灌木。多生于山坡林缘，或稀疏的杂木林内。

分布：分布于科右前旗、阿尔山市。

储量：约 10 吨。

药用价值：枝、叶可入药，主治筋骨折伤或挫伤。

七十七、败酱科 Valerianaceae

（一）败酱属 Patrinia Juss.

黄花龙芽

Patrinia scabiosifolia Link

蒙名：色日和立格—其其格

别名：败酱、野黄花、野芹

生境：多年生、旱中生草本植物。生于森林草原带及山地的草甸草原、杂类草草甸及林缘，在草甸草原群落中常有较高的多度，并可形成华丽的季相，在群落外貌上十分醒目。

分布：科右前旗、科右中旗、扎赉特旗、阿尔山市。

储量：约50吨。

药用价值：全草（药材名：败酱草）和根茎及根入药，全草能清热解毒、祛瘀排脓，主治阑尾炎、痢疾、肠炎、肝炎、眼结膜炎、产后瘀血腹痛、痈肿疔疮；根茎及根主治神经衰弱或精神病。

（二）缬草属 Valeriana L.

毛节缬草

Valeriana officinalis L.

蒙名：巴木柏—额布斯

别名：拔地麻

生境：多年生、中生草本植物。生于山地落叶松林下、白桦林下、林缘、灌丛、山地草甸及草甸草原中。

分布：扎赉特旗、阿尔山市。

储量：约10吨。

药用价值：根及根状茎入药，能安神、理气、止痛，主治神经衰弱、失眠、癔病、癫痫、胃腹胀痛、腰腿痛、跌打损伤。也作蒙药用（蒙药名：珠勒根—呼吉），能清热、消炎、消肿、镇痛，主治瘟疫、毒热、阵热、心跳、失眠、炭疽、白喉。

七十八、川续断科（山萝卜科） Dipsacaceae

蓝盆花属（山萝卜属） Scabiosa L.

1. 窄叶蓝盆花

Scabiosa comosa Fisch. ex Roem.et Schuit

蒙名：套存—套日麻

生境：多年生、喜沙中旱生草本植物。生于草原带及森林草原带的沙地与沙质草原中，可成为草原的主要伴生种。

分布：科右中旗、扎赉特旗。

储量：约 10 吨。

药用价值：花作蒙药用（蒙药名：乌和日—西鲁苏），能清热泻火，主治肝火头痛、发烧、肺热、咳嗽、黄疸。

2. 华北蓝盆花

Scabiosa tschiliensis Grun

蒙名：奥木日阿图音—套存—套日麻

生境：多年生、沙中旱生植物。生于沙质草原、典型草原及草甸草原群落中，为常见伴生植物。

分布：科右前旗、科右中旗、扎赉特旗、阿尔山市。

储量：约 10 吨。

药用价值：花作蒙药用（蒙药名：乌和日—西鲁苏），能清热泻火，主治肝火头痛、发烧、肺热、咳嗽、黄疸。

七十九、葫芦科 Gucurbitaceae

（一）盒子草属 Actinostemma Griff.

盒子草

Actinostemma tenerum Griff.

蒙名：呼伯格图—额布斯

生境：一年生、湿生草本植物。生于沼泽草甸与浅水中。

分布：扎赉特旗。

储量：约10吨。

药用价值：全草、种子和叶入药，能利尿消肿、清热解毒，主治肾炎水肿、湿疹、疮疡肿毒。

（二）赤瓟属 Thladiantha Bunge

赤瓟

Thladiantha dubia Bunge

蒙名：闹海音—好格

生境：多年生攀缘草本、中生植物。生于村舍附近、沟谷、山地草丛中。

分布：科右中旗、扎赉特旗。

储量：约10吨。

药用价值：果入药，能理气活血、祛痰利湿，主治跌打损伤、扭腰岔气、嗳气吐酸、黄疸、肠炎痢疾、咳血胸痛。也作蒙药用（蒙药名：敖鲁毛斯），能和血调经、止血、消肿，主治下死胎、月经不调、子宫出血。

八十、桔梗科 Campanulaceae

（一）桔梗属 Platycodon A. DC.

桔梗

Platycodon grandiflorus (Jacq.) A. DC.

蒙名：狐日盾—查干

别名：铃铛花

生境：多年生草本、中生植物。生于山地林缘草甸及沟谷草甸。

分布：科右前旗、科右中旗、扎赉特旗、阿尔山市。

储量：约 50 吨。

药用价值：根入药（药材名：桔梗），能祛痰、利咽、排脓，主治痰多咳嗽、咽喉肿痛、肺脓疡、咳吐脓血。也作蒙药用（蒙药名：呼入登查干），能祛痰、利咽、排脓，主治痰多咳嗽、咽喉肿痛、肺脓疡、咳吐脓血。

（二）风铃草属　Campanula L.

聚花风铃草（亚种）

Campanula glomerata L.

蒙名：巴和—哄古斤那

生境：多年生草本、中生植物。生于山地草甸及灌丛中。

分布：科右前旗、阿尔山市。

储量：约 10 吨。

药用价值：全草入药，能清热解毒、止痛，主治咽喉炎、头痛。

（三）沙参属　Adenophora Fisch.

轮叶沙参

Adenophora tetraphylla (Thunb.) Fisch.

蒙名：塔拉音—哄呼—其其格

别名：南沙参

生境：多年生、中生草本植物。生于河滩草甸、山地林缘、固定沙丘间草甸。

分布：科右前旗、科右中旗、扎赉特旗。

储量：约 10 吨。

药用价值：根入药（药材名：南沙参），能润肺、化痰、止咳，主治咳嗽痰黏、口燥咽干。也作蒙药用（蒙药名：鲁都特道日基），能消炎散肿、祛黄水，主治风湿性关节炎、神经痛、黄水病。

八十一、菊科 Compositae

（一）泽兰属 Eupatorium L.

林泽兰

Eupatorium lindleyanum DC.

蒙名：乌苏力格—尼日爱汗—其其格

别名：白鼓钉、尖佩兰、佩兰、毛泽兰

生境：多年生、中生草本植物。生于河滩草甸或沟谷中。

分布：科右前旗、科右中旗、突泉县。

储量：约 10 吨。

药用价值：全草入药，能解表退热，治感冒、疟疾。

（二）一枝黄花属 Solidago L.

兴安一枝黄花（变种）

Solidago dahurica (Kitag.) Kitag. ex Juzepczuk

蒙名：阿拉塔日干那

生境：多年生、中生杂类草。生于山地林缘、草甸、灌丛或路旁。

分布：科右前旗。

储量：约 10 吨。

药用价值：全草或根入药，能疏风清热、解毒消肿，主治风热感冒、咽喉肿痛、扁桃体炎、毒蛇咬伤、痈疖肿毒、跌打损伤。

（三）狗娃花属 Heteropappus Less.

1. 阿尔泰狗娃花

Heteropappus altaicus (Willd.) Novopokr.

蒙名：阿拉泰音—布荣黑

别名：阿尔泰紫菀

生境：多年生、中旱生草本植物。生于干草原与草甸草原带，也生于山地、丘陵坡地、沙质地、路旁及村舍附近等处。

分布：全盟各地。

储量：约 20 吨。

药用价值：全草及根入药，全草能清热降火、排脓，主治传染性热病、肝胆火旺、疱疹疮疖；根能润肺止咳，主治肺虚咳嗽、咳血。花入蒙药（蒙药名：宝日—拉伯），能清热解毒、消炎，主治血瘀、瘟病、流感、麻疹不透。

2. 多叶阿尔泰狗娃花

Heteropappus altaicus (Willd.) Novopokr. var. millefolius (Vant.)

蒙名：萨格拉嘎日—布荣黑

生境：多年生、中旱生草本植物。生于干草原与草甸草原带，也生于山地、丘陵坡地、沙质地、路旁及村舍附近等处。

分布：科右前旗、科右中旗。

储量：约 10 吨。

药用价值：花入蒙药（蒙药名：纳布其尔哈—宝日—拉伯），能清热解毒、消炎，主治血瘀、瘟病、流感、麻疹不透。

（四）紫菀属　Aster L

紫菀

Aster tataricus L. f.

蒙名：敖登—其其格

别名：青菀

生境：多年生、中生草本植物。生于森林、草原地带的山地林下、灌丛中或山地河沟边。

分布：科右前旗、扎赉特旗、阿尔山市。

储量：约 10 吨。

药用价值：根及根茎入药（药材名：紫菀），能润肺下气、化痰止咳，主治风寒咳嗽气喘、肺虚久咳、痰中带血。花作蒙药用（蒙药名：敖纯—其其格），能清热、解毒、消炎、排脓，主治瘟病、流感、头痛、麻疹不透、疔疮。

（五）马兰属 Kalimeris Cass

北方马兰

Kalimeris mongolica (Franch.) Kitam.

蒙名：蒙古乐—赛哈拉吉

别名：蒙古鸡儿肠、蒙古马兰

生境：多年生草本、中生植物。生于河岸、路旁。

分布：科右前旗。

储量：约10吨。

药用价值：全草及根入药，能清热解毒、散瘀止血，主治感冒发热、咳嗽、咽痛、痈疖肿毒、外伤出血。

（六）火绒草属 Leontopodium R. Br.

1. 长叶火绒草

Leontopodium longifolium Ling

蒙名：陶日格—乌拉—额布斯

别名：兔耳子草

生境：多年生草本、旱中生植物。生于山地灌丛及山地草甸。

分布：科右中旗。

储量：约10吨。

药用价值：全草入蒙药（蒙药名：查干—阿荣），能清肺、止咳化痰，主治肺热咳嗽、支气管炎。

2. 火绒草

Leontopodium leontopodioides (Willd.) Beauv.

蒙名：乌拉—额布斯

别名：火绒蒿、老头草、老头艾、薄雪草

生境：多年生草本、旱生植物。多散生于典型草原、山地草原及草原沙质地。

分布：科右前旗、科右中旗、扎赉特旗、乌兰浩特市。

储量：约 20 吨。

药用价值：地上部分入药，能清热凉血、利尿，主治急、慢性肾炎，尿道炎。全草也入蒙药（蒙药名：查干—阿荣），能清肺、止咳化痰，主治肺热咳嗽、支气管炎。

（七）旋覆花属 Inula L.

1. 欧亚旋覆花

Inula britanica L.

蒙名：阿拉坦—导苏乐—其其格

别名：旋覆花、大花旋覆花、金沸草

生境：多年生、中生草本植物。生于草甸及湿润的农田、地埂和路旁。

分布：科右前旗、科右中旗、乌兰浩特市。

储量：约 15 吨。

药用价值：花序入药（药材名：旋覆花），能降气、化痰、行水，主治咳喘痰多、噫气、呕吐、胸膈痞闷、水肿。也入蒙药（蒙药名：阿扎斯儿卷），能散瘀、止痛，主治跌打损伤、湿热疮疡。

2. 蓼子朴

Inula salsoloides (Turcz.) Ostenf.

蒙名：额乐存—阿拉坦—导苏乐

别名：绞蛆爬、秃女子草、黄喇嘛、沙地旋覆花

生境：多年生、旱生草本植物。生于荒漠草原带及草原带的沙地与沙砾质冲积土上，也可进入荒漠带。

分布：科右中旗。

储量：约 10 吨。

药用价值：花及全草入药，能清热解毒、利尿，主治疮痈肿毒、

黄水疮、湿疹、外感发热、浮肿、小便不利。兽医用作除虫剂。

（八）苍耳属 Xanthium L.

苍耳

Xanthium sibiricum Patrin ex Widder

蒙名：西伯日—好您—章古

别名：葈耳、苍耳子、老苍子、刺儿苗

生境：一年生、中生性田间杂草，并可形成密集的小片群聚。生于田野、路边。

分布：全盟各地。

储量：约 50 吨。

药用价值：带总苞的果实入药（药材名：苍耳子），能散风祛湿，通鼻窍、止痛、止痒，主治风寒头痛、鼻窦炎、风湿痹痛、皮肤湿疹、瘙痒。

（九）鬼针草属 Bidens L.

1. 狼杷草

Bidens tripartita L.

蒙名：古日巴存—哈日巴其—额布斯

别名：鬼针、小鬼叉

生境：一年生草本、中生杂草。生于路边及低湿滩地。

分布：科右前旗、科右中旗。

储量：约 10 吨。

药用价值：全草入药，能清热解毒、养阴益肺、收敛止血，主治感冒、扁桃体炎、咽喉炎、肺结核、气管炎、肠炎痢疾、丹毒、癣疮、闭经等症。

2. 小花鬼针草

Bidens parviflora Willd.

蒙名：吉吉格—哈日巴其—额布斯

别名：一包针

生境：一年生草本、中生杂草。生于田野、路旁、沟渠边。

分布：科右前旗、科右中旗。

储量：约 10 吨。

药用价值：全草入药，能祛风湿、清热解毒、止泻，主治风湿性关节炎、扭伤、肠炎腹泻、咽喉肿痛、虫蛇咬伤。

（十）蒿属　Artemisia L.

1. 大籽蒿

Artemisia sieversiana Ehrhart ex Willd.

蒙名：额日木

别名：白蒿

生境：一年生或二年生草本、中生杂草。散生或群居于农田、路旁、畜群点或水分较好的撂荒地上，有时也进入人为活动较明显的草原或草甸群落中。

分布：全盟各地。

储量：约 100 吨。

药用价值：全草入药，能祛风、清热、利湿，主治风寒湿痹、黄疸、热痢、疥癞恶疮。

2. 冷蒿

Artemisia frigida Willd.

蒙名：阿给

别名：小白蒿、兔毛蒿

生境：多年生草本、生态幅度很广的旱生植物。分布于草原带和荒漠草原带，沿山地也进入森林草原和荒漠带中，多生于沙质、沙砾质或砾石质土壤上，是草原小半灌木群落的主要建群种植物，也是其他草原群落的伴生植物或亚优势植物。

分布：科右前旗、科右中旗、扎赉特旗、突泉县、乌兰浩特市。

储量：约 50 吨。

药用价值：全草入药，能清热、利湿、退黄，主治湿热黄疸、小便不利、风痒疮疥。也入蒙药（蒙药名：阿格），能止血、消肿，主治各种出血、肾热、月经不调、疮痈。

3. 黄花蒿

Artemisia annua L.

蒙名：矛日音—协日乐吉

别名：臭黄蒿

生境：一年生草本、中生杂草。生于河边、沟谷或居民点附近。多散生或形成小群聚。

分布：科右前旗、扎赉特旗。

储量：约 20 吨。

药用价值：全草入药（药材名：青蒿），能解暑、退虚热、抗疟，主治伤暑、疟疾、虚热。地上部分作蒙药用（蒙药名：好尼—希日勒吉），能清热消肿，主治肺热咽喉炎、扁桃体炎等。

4. 山蒿

Artemisia brachyloba Franch.

蒙名：哈丹—巴西嘎

别名：岩蒿、骆驼蒿

生境：半灌木状草本或小灌木状、石生旱生植物。生于石质山坡、岩石露头或碎石质的土壤上，是山地植物主要建群植物之一。

分布：乌兰浩特市。

储量：约 10 吨。

药用价值：全草入药，能清热燥湿，主治偏头痛、咽喉肿痛、风湿等。

5. 艾

Artemisia argyi Levl. et Van.

蒙名：荽哈

别名：艾蒿、家艾

生境：多年生草本、中生植物。在森林草原地带可以形成群落，作为杂草常侵入耕地、路旁及村庄附近，有时也分布到林缘、林下、灌丛间。

分布：全盟各地。

储量：约 30 吨。

药用价值：叶可入药，能散寒止痛、温经、止血，主治心腹冷痛、吐衄、下血、月经过多、崩漏、带下、胎动不安、皮肤瘙痒。又入蒙药（蒙药名：穗喝），能消肿、止血，主治痈疮伤、月经不调、各种出血。

6. 蒙古蒿

Artemisia Mongolica (Fisch. ex Bess.)

蒙名：蒙古乐一协日乐吉

生境：多年生、中生草本植物。广布于森林草原和草原地带。生长于沙地、河谷、撂荒地上，作为杂草常侵入耕地、路旁，有时也侵入草甸群落中。多散生亦可形成小群聚。

分布：科右前旗、科右中旗、扎赉特旗。

储量：约 30 吨。

药用价值：全草入药，作艾的代用品，有温经、止血、散寒、祛湿等功效。

7. 蒌蒿

Artemisia selengensis Turcz. ex Bess.

蒙名：奥存一协日乐吉

别名：水蒿、狭叶艾

生境：多年生草本、湿中生植物。多生于森林和森林草原地带，出现于林下、林缘、山沟和河谷两岸，为草甸或沼泽化草甸群落的优势种或伴生种。有时也成为杂草，出现在村舍、路旁。

分布：科右前旗。

储量：约20吨。

药用价值：全草入药，有止血、消炎、镇咳、化痰之效。

8. 东北牡蒿

Artemisia manshurica (Komar.) Kamar.

蒙名：额日根—协日乐吉

别名：滨海牡蒿

生境：多年生草本、中生植物。分布在森林和森林草原地带。生长于山地、林缘、林下及灌丛间。

分布：科右中旗。

储量：约10吨。

药用价值：全草入药，能解表、清热、杀虫，主治感冒身热、劳伤咳嗽、小儿疸热等。

9. 南牡蒿

Artemisia eriopoda Bunge

蒙名：乌苏力格—协日乐吉

别名：黄蒿

生境：多年生草本、中旱生植物。多分布在森林草原和草原带山地，为山地草原的常见伴生种。

分布：科右中旗、扎赉特旗。

储量：约10吨。

药用价值：叶供药用，治风湿性关节炎、头痛、浮肿、毒蛇咬伤等症。

10. 猪毛蒿

Artemisia scoparia Waldst. et Kit.

蒙名：伊麻干—协日乐吉

别名：米蒿、黄蒿、臭蒿、东北茵陈蒿

生境：多年生或近一年生、二年生草本、旱生或中旱生植物。分布很广，在草原带和荒漠带均有分布。生长在沙质土壤上，是夏雨型一年生层片的主要组成植物。

分布：科右中旗。

储量：约 10 吨。

药用价值：幼苗入药，能清湿热、利胆退黄，主治黄疸、肝炎、尿少色黄。根入藏药（藏药名：察尔汪），能清肺、消炎，主治咽喉炎、扁桃体炎、肺热咳嗽。

（十一）栉叶蒿属　Neopallasia Poljak.

栉叶蒿

Neopallasia pectinata (Pall.) Poljak.

蒙名：乌合日—希鲁黑

别名：篦齿蒿

生境：一年生或二年生草本、旱中生植物。分布极广。在干草原带、荒漠草原带以及草原化荒漠带均有分布。多生长在壤质或黏壤质的土壤上，为夏雨型一年生层片的主要成分。在退化草场上常常可成为优势种。

分布：科右前旗、科右中旗、扎赉特旗、乌兰浩特市。

储量：约 30 吨。

药用价值：地上部分入蒙药（蒙药名：乌合日—希鲁黑），能利胆，主治急性黄疸型肝炎。

（十二）兔儿伞属　Syneilesis Maxim.

兔儿伞

Syneilesis aconitifolia (Bunge) Maxim.

蒙名：陶来音—西古日根讷

别名：雨伞菜、帽头菜

生境：多年生草本、中生植物。生于山地林下及林缘草甸。

分布：科右前旗、科右中旗、扎赉特旗、突泉县。

储量：约 10 吨。

药用价值：根入药，能祛风除湿、解毒活血、消肿止痛，主治风湿麻木、关节疼痛、痈疽疮肿、跌打损伤。

（十三）橐吾属 Ligularia Cass.

蹄叶橐吾

Ligularia fischeri (Ledeb.) Turcz.

蒙名：陶古日爱力格—扎牙海

别名：肾叶橐吾、马蹄叶、葫芦七

生境：多年生、中生草本植物。生于林缘及河滩草甸、河边灌丛。

分布：科右前旗、扎赉特旗。

储量：约 10 吨。

药用价值：根作紫菀入药，称“山紫菀”，能润肺下气、化痰止咳，主治风寒咳嗽气喘、肺虚久咳、痰中带血。

（十四）蓝刺头属 Echinops L.

1. 驴欺口

Echinops latifolius Tausch.

蒙名：扎日阿—敖拉

别名：单州漏芦、火绒草、蓝刺头

生境：多年生草本、嗜砾质的中旱生植物。草原地带和森林草原地带常见杂类草，多生于含丰富杂类草的针茅草原和羊草草原群落中，也见于线叶菊草原及山地林缘草甸。

分布：科右前旗、科右中旗。

储量：约 10 吨。

药用价值：根入药（药材名：禹州漏芦），能清热解毒、消痈肿、通乳，主治乳痈疮肿、乳汁不下、乳房作胀；花序也入药，能活血、发散，主治跌打损伤。花序也入蒙药（蒙药名：扎日—乌拉），能清热、止痛，主治骨折创伤、胸背疼痛。

2. 砂蓝刺头

Echinops gmelini Turcz.

蒙名：额乐存乃—扎日阿—敖拉

别名：刺头、火绒草

生境：一年生草本、喜沙和旱生植物。为荒漠草原地带和草原化荒漠地带常见的伴生杂类草，并可沿固定沙地、沙质撂荒地深入到草原地带、森林草原地带及居民点、畜群点周围。

分布：科右中旗。

储量：约10吨。

药用价值：根入药，能清热解毒、消痈肿、通乳，主治乳痈疮肿、乳汁不下、乳房作胀。花入蒙药（蒙药名：洪古尔—珠尔），能清热、解毒、止痛，主治感冒、心热、痢疾、血热及传染性热症。

（十五）苍术属 Atractylodes DC.

苍术

Atractylodes lancea (Thunb.) DC.

蒙名：侵瓦音—哈拉特日

别名：北苍术、枪头菜、山刺菜

生境：多年生草本植物。为夏绿阔叶林区及森林草原地带山地阳坡，半阴坡草灌丛群落中的常见植物，有时数量较多，密度较大，呈斑状分布。是喜光的旱中生短根状茎植物，一般在郁闭林中，出现在天窗之下。

分布：科右前旗、科右中旗、扎赉特旗、突泉县。

储量：约20吨。

药用价值：根状茎入药（药材名：苍术），能燥湿、健脾、祛风、止痛，主治脘腹胀满、吐泻、关节疼痛、风寒感冒、夜盲症。

（十六）牛蒡属　Arctium L.

牛蒡

Arctium lappa L.

蒙名：得格个乐吉

别名：恶实、鼠粘草

生境：二年生、大型中生杂草，嗜氮植物。常见于村落路旁、山沟、杂草地，也有栽培。

分布：科右前旗、科右中旗。

储量：约 10 吨。

药用价值：瘦果入药（药材名：牛蒡子），能散风热、利咽、透疹、消肿解毒，主治风热感冒、咽喉肿痛、咳嗽、麻疹、痈疮肿毒。又入蒙药（蒙药名：西伯—额布斯），能化痞、利尿，主治石痞脉病。

（十七）蓟属　Cirsium Mill emend. Scop.

1．莲座蓟

Cirsium esculentum (Sievers) C. A. Mey.

蒙名：呼呼斯根讷

别名：食用蓟

生境：多年生无茎或近无茎草本，是典型草原地带东部、森林草原地带河漫滩阶地、滨湖阶地以及山间谷地杂类草草甸、杂类草—禾草、苔草草甸中较常见的恒有伴生种，喜生于潮湿而通气良好的典型草甸土，中性耐寒。

分布：科右中旗。

储量：约 10 吨。

药用价值：根入蒙药（蒙药名：塔卜长图—阿吉日嘎纳），能排脓止血、止咳消痰，主治肺脓肿、支气管炎、疮痈肿毒、皮肤病。

2. 刺儿菜

Cirsium integrifotium (Wimm.et Grab.) L. Q. Zhao et Y. Z. Zhao

蒙名：巴嘎—阿扎日干那

别名：小蓟、刺蓟

生境：多年生草本、中生植物。生于田间、荒地和路旁，为杂草。

分布：科右前旗、科右中旗、乌兰浩特市。

储量：约 20 吨。

药用价值：全草入药（药材名：小蓟），能凉血、止血、祛瘀消肿，主治吐血、衄血、尿血、崩漏、痈疮、肝炎、肾炎。

3. 大刺儿菜

Cirsium setosum (Willd.) Besser ex M. Bieb

蒙名：阿古拉音—阿扎日干那

别名：大蓟、刺蓟、刺儿菜、刻叶刺儿菜

生境：多年生草本、中生植物。草原地带、森林草原地带退耕撂荒地上最先出现的先锋植物之一。也见于严重退化的放牧场和耕作粗放的各类农田，往往可形成较密集的群聚。

分布：科右前旗、科右中旗、乌兰浩特市。

储量：约 20 吨。

药用价值：全草入药，能凉血、消散痈肿，主治咯血、衄血、尿血、痈肿疮毒等。

（十八）飞廉属　Carduus L.

飞廉

Carduus crispus L.

蒙名：侵瓦音—乌日格苏

生境：二年生、中生草本植物。生于路旁、田边。

分布：科右前旗、科右中旗、扎赉特旗、突泉县、乌兰浩特市。

储量：约 20 吨。

药用价值：地上部分入药，能清热解毒、消肿、凉血止血，主治无名肿毒、痔疮、外伤肿痛、各种出血。

（十九）漏芦属 Stemmacantha Vaill.

漏芦

Stemmacantha uniflora (L.) Dittrich

蒙名：洪古乐朱日

别名：祁州漏芦、和尚头、大口袋花、牛馒头

生境：多年生、中旱生草本植物。山地草原、山地森林草原地带石质干草原、草甸草原较为常见的伴生种。

分布：科右前旗、科右中旗、扎赉特旗。

储量：约 10 吨。

药用价值：根入药（药材名：漏芦），能清热解毒、消痈肿、通乳，主治乳痈疮肿、乳汁不下、乳房作胀。花入蒙药（蒙药名：洪古尔—珠尔），能清热、解毒、止痛，主治感冒、心热、痢疾、血热及传染性热症。

（二十）大丁草属 Leibnitzia Cass.

大丁草

Leibnitzia anandria (Linnaeus.) Turczaninow.

蒙名：哈达嘎存—额布斯

生境：多年生、中生草本植物。生于山地林缘草甸及林下，也见于田边、路旁。

分布：科右前旗、科右中旗、扎赉特旗。

储量：约 10 吨。

药用价值：全草入药，能祛风湿、止咳、解毒，主治风湿麻木、咳喘、疔疮。

（二十一）猫儿菊属　Hypochaerls L.

猫儿菊

Hypochaeris ciliata (Thunb.) Makino.

蒙名：车格车黑

别名：黄金菊

生境：多年生、旱中生草本植物。生于山地林缘、草甸。

分布：科右前旗、科右中旗、扎赉特旗。

储量：约 10 吨。

药用价值：根入药，能利水，主治臌胀。

（二十二）鸦葱属　Scorzonera L.

笔管草

Scorzonera albicaulis Bunge

蒙名：查干—哈比斯干那

别名：华北鸦葱、白茎鸦葱、细叶鸦葱

生境：多年生、中生草本植物。生长于山地林下、林缘、灌丛、草甸及路旁。

分布：科右前旗、科右中旗、扎赉特旗。

储量：约 20 吨。

药用价值：根入药，能清热解毒、消炎、通乳，主治疔毒恶疮、乳痈、外感风热。

（二十三）毛连菜属　Picris L.

毛连菜

Picris hieracioides. L

蒙名：查希巴—其其格

别名：枪刀菜

生境：二年生、中生草本植物。生于山野路旁、林缘、林下或沟谷中。

分布：科右前旗、科右中旗。

储量：约 15 吨。

药用价值：全草入蒙药（蒙药名：希拉—明站），能清热、消肿、止痛，主治流感、乳痈、阵刺。

（二十四）蒲公英属 Taraxacum Weber

蒲公英

Taraxacum mongolicum Hand. –Mazz.

蒙名：巴格巴盖—其其格

别名：蒙古蒲公英、婆婆丁、姑姑英

生境: 无茎多年生草本、中生杂草。广泛生于山坡草地、路边、田野、河岸沙质地。

分布：全盟各地。

储量：约 20 吨。

药用价值：全草入药，能清热解毒、利尿散结，主治急性乳腺炎、淋巴腺炎、瘰疬、疔毒疮肿、急性结膜炎、感冒发烧、急性扁桃体炎、急性支气管炎、胃炎、肝炎、胆囊炎、尿路感染。全草入蒙药（蒙药名: 巴格巴盖—其其格）能清热解毒，主治乳痈、淋巴腺炎、胃热等。

（二十五）苦苣菜属 Sonchus L.

苣荬菜

Sonchus Wightianus DC.

蒙名：嘎希棍—诺高

别名：取麻菜、甜苣、苦菜

生境：多年生草本、中生性农田杂草。生于田间、村舍附近及路边。

分布：全盟各地。

储量：约 20 吨。

药用价值：全草入药（药材名：败酱），能清热解毒、消肿排脓、祛瘀止痛，主治肠痈、疮疖肿毒、肠炎、痢疾、带下、产后瘀血腹痛、痔疮。

（二十六）苦荬菜属 Ixeris Cass.

1. 山苦荬

Ixeris chinensis (Thunb.) Naka

蒙名：陶来音—伊达日阿

别名：苦菜、燕儿菜、中华小苦荬

生境: 多年生草本、中旱生杂草。生于山野、田间、了，撂荒地、路旁。

分布：科右前旗。

储量：约 10 吨。

药用价值：全草入药，能清热解毒、凉血、活血排脓，主治阑尾炎、肠炎、痢疾、疮疖痈肿、吐血、衄血。

2. 苦荬菜

Ixeris denticulata (Houtt.) Stebb.

蒙名：宝古尼—陶来音—伊达日阿

别名：苦菜

生境：一年生或二年生草本、中生杂类草。生于山地林缘、草甸、河谷，也常见于路旁及田埂。

分布：科右中旗。

储量：约 10 吨。

药用价值: 全草入药，能清热、解毒、消肿，主治肺痈、乳痈、血淋、疖肿、跌打损伤。

3. 抱茎苦荬菜

Ixeris sonchifolia Hance

蒙名：陶日格—陶来音—伊达日阿

别名：苦荬菜、苦碟子

生境：多年生草本、中生杂类草。夏季开花的植物。常见于草甸、山野、路旁、撂荒地。

分布：科右前旗、科右中旗、扎赉特旗、乌兰浩特市。

储量：约 30 吨。

药用价值：全草入药，能清热解毒、凉血、活血排脓，主治阑尾炎、肠炎、痢疾、疮疖痈肿、吐血、衄血。

八十二、香蒲科 Typhaceae

香蒲属 Typha L.

1. 小香蒲

Typha minima Funck

蒙名：好宁—哲格斯

生境：多年生草本、湿生植物。生于河边、湖边浅水或河滩、低湿地，可耐盐碱。

分布：科右中旗。

储量：约 10 吨。

药用价值：花粉及全草或根状茎入药，花粉（药材名：蒲黄）能止血、祛瘀、利尿，主治衄血、咯血、吐血、尿血、崩漏、痛经、产后血瘀脘腹刺痛、跌打损伤等；全草、根状茎能利尿、消肿，主治小便不利、痈肿等。

2. 水烛

Typha angustifolia L.

蒙名：毛日音—哲格斯

别名：狭叶香蒲、蒲草

生境：多年生、水生草本植物。生于河边、池塘、湖泊边浅水中。

分布：科右中旗、扎赉特旗。

储量：约 20 吨。

药用价值：花粉及全草或根状茎入药，花粉（药材名：蒲黄）能止血、祛瘀、利尿，主治衄血、咯血、吐血、尿血、崩漏、痛经、产后血瘀脘腹刺痛、跌打损伤等；全草、根状茎能利尿、消肿，主治小便不利、痈肿等。

3. 拉氏香蒲

Typha laxmanni Lepech.

蒙名：呼格—哲格斯

别名：无苞香蒲

生境：多年生、水生草本植物。生于水沟、河岸边等浅水中。

分布：科右前旗、扎赉特旗。

储量：约 20 吨。

药用价值：花粉及全草或根状茎入药，花粉（药材名：蒲黄）能止血、祛瘀、利尿，主治衄血、咯血、吐血、尿血、崩漏、痛经、产后血瘀脘腹刺痛、跌打损伤等；全草、根状茎能利尿、消肿，主治小便不利、痈肿等。

八十三、黑三棱科 Sparganiaceae

黑三棱属 Sparganium L.

1. 黑三棱

Sparganium stoloniferum (Graebn.) Buch. –Ham. ex Juz.

蒙名：哈日—古日巴拉吉

别名：京三棱

生境：多年生、湿生草本植物。生于河边或池塘边浅水中。

分布：科右前旗、扎赉特旗。

储量：约 20 吨。

药用价值：块茎入药（药材名：三棱），能破血祛瘀、行气消积、止痛，主治血瘀经闭、产后血瘀腹痛、气血凝滞、症瘕积聚、胸腹胀痛等。块茎亦入蒙药（蒙药名：哈日—高日布勒吉—额布斯），能清肺、舒肝、凉血、透骨蒸，主治肺热咳嗽、支气管扩张、气喘痰多、黄疸型肝炎、痨热骨蒸。

2. 小黑三棱

Sparganium simplex Huds.

蒙名：吉吉格—哈日—古日巴拉吉

别名：单歧黑三棱

生境：多年生、湿生草本植物。生于河边及水塘浅水中。

分布：科右前旗、扎赉特旗。

储量：约 10 吨。

药用价值：块茎入药（药材名：三棱），能破血祛瘀、行气消积、止痛，主治血瘀经闭、产后血瘀腹痛、气血凝滞、症瘕积聚、胸腹胀痛等。块茎亦入蒙药（蒙药名：哈日—高日布勒吉—额布斯），能清肺、舒肝、凉血、透骨蒸，主治肺热咳嗽、支气管扩张、气喘痰多、黄疸型肝炎、痨热骨蒸。

八十四、眼子菜科 Potamogetonaceae

眼子菜属 Potamogeton L.

竹叶眼子菜

Potamogeton malaianus Miq.

蒙名：马来音—奥存—呼日西

别名：马来眼子菜、箬叶藻

生境：多年生、沉水水生草本植物。生于静水池沼、河沟中。

分布：扎赉特旗、乌兰浩特市。

储量：约10吨。

药用价值：全草入药，能清热解毒、利尿、消积，主治目赤肿痛、黄疸、水肿、白带、小儿疳积；外用治痈疖肿毒。

八十五、禾本科　Gramineae

（一）菰属　Zizania L.

菰

Zizania latifolia (Griseb.) Stapf.

蒙名：奥存—查干—苏牙

别名：茭白

生境：多年生、水生草本植物。生于水中、水泡子边缘。

分布：扎赉特旗。

储量：约10吨。

药用价值：根和谷粒入药，能治心脏病或作利尿剂。

（二）芦苇属　Phragmites Adans.

芦苇

Phragmites australis (Cav.) Trin. ex Steud

蒙名：呼勒斯、好鲁苏

别名：芦草、苇子

生境：多年生草本、湿生植物。在池塘、河边、湖泊中，常以大片形成所谓芦苇荡，在沼泽化草甸放牧场，也往往形成单纯的繁茂地。同样在盐碱地、干旱的沙丘和多石的坡地上也能生长。

分布：全盟各地。

储量：约100吨。

药用价值：芦苇的根茎、茎秆、叶及花序均可入药，根茎（药材名：芦根）能清热生津、止呕、利尿，主治热病烦渴、胃热呕逆、肺热咳嗽、肺痈、小便不得、热淋等；茎秆（药材名：苇茎）能清热排脓，主治肺痈吐脓血；叶能清肺止呕、止血、解毒；花序能止血、解毒。

（三）冰草属　Agropyron Gaertn.

1．冰草

Agropyron cristatum (L.) Gaertn.

蒙名：优日呼格

生境：多年生草本植物。生于干燥草地、山坡、丘陵以及沙地。

分布：全盟各地。

储量：约 20 吨。

药用价值：根作蒙药用（蒙药名：油日呼格），能止血、利尿，主治尿血、肾盂肾炎、功能性子宫出血、月经不调、咯血、吐血、外伤出血。

2．沙芦草

Agropyron mongolicum Keng

蒙名：额乐存乃—优日呼格

生境：多年生草本植物。生于干燥草原、沙地、石砾质地。

分布：科右中旗。

储量：约 10 吨。

药用价值：根作蒙药用（蒙药名：蒙高勒—油日呼格），能止血、利尿，主治尿血、肾盂肾炎、功能性子宫出血、月经不调、咯血、吐血、外伤出血。

（四）赖草属　Leymus Hochst.

赖草

Leymus secalinus (Georgi) Tzvel.

蒙名：乌伦—黑雅嘎

别名：老披硷、厚穗硷草

生境：多年生草本、旱中生根茎禾草。在草原带常见于芨芨草盐化草甸和马蔺盐化草甸群落中。

分布：科右中旗。

储量：约 10 吨。

药用价值：根茎及须根入药，能清热、止血、利尿，主治感冒、鼻出血、哮喘、肾炎。

（五）茅香属　Hierochloe R. Br.

茅香

Hierochloe odorata (L.) Beauv.

蒙名：搔日乃

生境：多年生草本、中生根茎禾草。生于草原带、森林草原带的河谷草甸、隐蔽山坡、沙地。

分布：科右前旗、扎赉特旗、阿尔山市。

储量：约 20 吨。

药用价值：茅香的花序及根茎入药，花序能温胃、止呕吐，主治心腹冷痛、呕吐；根茎能凉血、止血、清热利尿，主治吐血、尿血、急慢性肾炎、浮肿、热淋。

（六）看麦娘属　Alopecurus L.

看麦娘

Alopecurus aequalis Sobol.

蒙名：乌纳根—苏乐

生境：一年生草本植物。生于河滩、潮湿低地草甸、田边。

分布：科右前旗、科右中旗、扎赉特旗。

储量：约 20 吨。

药用价值：全草入药，能利水消肿、解毒，主治水肿、水痘。

（七）画眉草属　Eragrostis Beauv.

画眉草

Eragrostis pilosa (L.) Beauv.

蒙名：呼日嘎乐吉

别名：星星草

生境：一年生草本植物。生于田野、撂荒地、路边，为中生性农田杂草。

分布：扎赉特旗。

储量：约 10 吨。

药用价值：全草及花序入药，全草能疏风清热、利尿，主治尿路感染、肾盂肾炎、肾炎、膀胱炎、膀胱结石、肾结石、结膜炎、角膜炎等；花序能解毒、止痒，主治黄水疮。

（八）稗属　Echinochloa Beauv.

1. 稗

Echinochloa crusgalli (L.) Beauv.

蒙名：奥存—好努格

别名：稗子、水稗、野稗

生境：一年生草本、湿生植物，田间杂草。生于田野、耕地旁、宅旁、路旁、渠沟边水湿地和沼泽地、水稻田中。

分布：全盟各地。

储量：约 50 吨。

药用价值：根及幼苗入药，能止血，主治创伤出血不止。

2. 长芒稗

Echinochloa caudate Roshev.

蒙名：搔日特—奥存—好努格

别名：长芒野稗

生境：一年生草本、湿生植物，田间杂草。生于田野、宅旁、路边、耕地旁、渠沟边水湿地和沼泽地、水稻田中。

分布：科右中旗、扎赉特旗。

储量：约 10 吨。

药用价值：根及幼苗入药，能止血，主治创伤出血不止。

3. 旱稗

Echinochloa hispidula (Retz.) Nees

蒙名：乌日特—奥存—好努格

别名：水田稗

生境：一年生草本、湿生植物，田间杂草。生于田野、路旁、渠沟边水湿处和沼泽地。

分布：科右中旗、扎赉特旗、突泉县。

储量：约 10 吨。

药用价值：根及幼苗入药，能止血，主治创伤出血不止。

（九）狗尾草属　Setaria P. Beauv.

1. 狗尾草

Setaria viridis (L.) Beauv.

蒙名：西日—达日

别名：毛莠莠

生境：一年生草本、中生杂草。生于荒地、田野、河边、坡地。

分布：全盟各地。

储量：约 30 吨。

药用价值：全草入药，能清热明目、利尿、消肿腌脓，主治目翳、沙眼、目赤肿痛、黄疸肝炎、小便不利、淋巴结核（已溃）、骨结核等。颖果也作蒙药用（蒙药名：乌仁素勒），能止泻，主治肠痧、痢疾、腹泻、肠刺痛。

2. 金色狗尾草

Setaria glauca (L.)Beauv.

蒙名：阿拉坦—西日—达日

生境：一年生草本、中生杂草。生于田野、路边、荒地、山坡等处。

分布：科右中旗、扎赉特旗。

储量：约 10 吨。

药用价值：全草入药，能清热明目、利尿、消肿腌脓，主治目翳、沙眼、目赤肿痛、黄疸肝炎、小便不利、淋巴结核（已溃）、骨结核等。颖果也作蒙药用（蒙药名：西日—达拉），能止泻，主治肠痧、痢疾、腹泻、肠刺痛。

（十）狼尾草属 Pennisetum Rich.

白草

Pennisetum flaccidum Grisebach

蒙名：昭巴拉格

生境：多年生草本植物。生于干燥的丘陵坡地、沙地、沙丘间洼地、田野，为沙质草原和草甸的建群植物，或撂荒地次生群聚的建群植物。

分布：科右前旗、科右中旗。

储量：约 20 吨。

药用价值：根茎入药，能清热凉血、利尿，主治急性肾炎尿血、鼻衄、肺热咳嗽、胃热烦渴。根茎也作蒙药用（蒙药名：五龙），能利尿、止血、杀虫、敛疮、解毒，主治尿闭、毒热、吐血、衄血、尿血、创伤出血、口舌生疮等症。

（十一）芒属　Miscanthus Anderss.

荻

Miscanthus sacchariflorus (Maxim owicz.) Hackel.

蒙名：乌也图—查干

生境：多年生高大草本、中生植物。生于山坡草地、河岸湿地及沼泽草甸，为沼泽草甸的建群种。

分布：全盟各地。

储量：约 10 吨。

药用价值：根茎入药，能清热、活血，主治妇女干血痨、潮热、产妇失血口渴、牙痛。

（十二）白茅属　Imperata Cyrillo

白茅

Imperata cylinderica (L.) Beauv. var. major (Nees) C. E.

蒙名：乌拉休吉

别名：茅根

生境：多年生细弱直立草本、中生植物。生于路旁、撂荒地、山坡、草甸、沙地。

分布：科右前旗、扎赉特旗。

储量：约 10 吨。

药用价值：根茎及花序入药，根茎（药材名：茅根）能凉血止血、清热利尿，主治吐血、衄血、尿血、热淋、水肿、胃热呕吐、肺热咳嗽等；花序能止血、止痛，主治吐血、衄血、外伤出血。根茎也作蒙药用（蒙药名：查干—包拉乐吉嘎纳），能利尿、止血、杀虫、敛疮、解毒，主治尿闭、毒热、吐血、衄血、尿血、创伤出血、口舌生疮等症。

（十三）大油芒属　Spodiopogon Trin.

大油芒

Spodiopogon sibiricus Trin.

蒙名：阿古拉音—乌拉乐吉

别名：大荻、山黄菅

生境：多年生高大草本、中旱生植物。生于山地阳坡、砾石质草原、山地灌丛、草甸草原，可成为山地草原优势种。

分布：科右前旗、科右中旗、扎赉特旗。

储量：约 20 吨。

药用价值：全草入药，能止血、催产，主治月经过多、难产、胸闷、气胀。

（十四）荩草属　Arthraxon Beauv.

荩草

Arthraxon hispidus (Thunb.) Makino

蒙名：希日—宝都格—额布斯

生境：一年生草本、中生植物。生于山坡草地、水边湿地、河滩沟谷草甸、山地灌丛、沙地、田野。

分布：科右前旗、科右中旗、扎赉特旗。

储量：约 20 吨。

药用价值：全草入药，能止咳平喘、解毒、祛风湿，主治久咳气喘、肝炎、咽喉炎、口腔炎、鼻炎、乳腺炎、疥癣、皮肤搔痒、恶疮。

八十六、莎草科 Cyperaceae

藨草属 Scirpus L.

荆三棱

Scirpus yagara Ohwi

蒙名：高日巴乐金—塔巴牙

别名：三棱草

生境：多年生草本、湿生植物。生于稻田、浅水沼泽。

分布：扎赉特旗。

储量：约 10 吨。

药用价值：块根可作药材。具有祛瘀通经、破血消症、行气消积之功效。常用于血滞经闭、痛经、产后瘀阻腹痛、跌打瘀肿、腹中包块、食积腹痛。

八十七、天南星科 Araceae

菖蒲属 Acorus L.

菖蒲

Acorus calamus L.

蒙名：乌木里—哲格苏

别名：石菖蒲、白菖蒲、水菖蒲

生境：多年生草本、水生植物。生于沼泽、河流边、湖泊边。

分布：科右前旗、扎赉特旗。

储量：约 10 吨。

药用价值：根状茎入药，能化痰开窍、和中利湿，主治癫痫、神志不清、惊悸健忘、湿滞痞胀、泄泻痢疾、风湿痹痛等。也入蒙医药（蒙医药名：乌模黑—吉木苏），能温胃、消积、消炎、止痛、去腐、去黄水，主治胃寒、积食症、呃逆、化脓性扁桃体炎、炭疽、关节痛、麻风病等。

八十八、浮萍科　Lemnaceae

浮萍属　Lemna L.

浮萍

Lemna minor L.

蒙名：拉布萨嘎

生境：一年生草本、浮水植物。繁殖快，常遮盖水面。生于静水中、小水池及河湖边缘。

分布：扎赉特旗。

储量：约10吨。

药用价值：全草入药，能发汗祛风、利水消肿，主治风热感冒、麻疹不透、荨麻疹、水肿、小便不利等。

八十九、鸭跖草科　Commelinaceae

鸭跖草属　Commelina L.

鸭跖草

Commelina communis L.

蒙名：努古存—塔布格

生境：一年生草本、湿中生植物。生于山沟溪边林下、山坡阴湿处、田间。

分布：科右前旗、扎赉特旗、乌兰浩特市、阿尔山市。

储量：约20吨。

药用价值：全草入药，能清热解毒、利水消炎，主治水肿、小便不利、感冒、咽喉肿痛、黄疸肝炎、热利、丹毒等。

九十、雨久花科 Pontederiaceae

雨久花属 Monochoria C. Presl

雨久花

Monochoria korsakowii Regel. et Maack

蒙名：宝拉根—其其格

生境：一年生草本、水生植物。生于池塘浅水、湖边或水田中。

分布：科右前旗、扎赉特旗。

储量：约10吨。

药用价值：全草入药，能清热解毒、止咳平喘，主治高热咳喘、小儿丹毒、痈肿疔毒等。

九十一、百合科 Liliaceae

（一）藜芦属 Veratrum L.

1. 藜芦

Veratrum nigrum L.

蒙名：阿格西日嘎

别名：黑藜芦

生境：多年生草本、中生植物。为森林草甸种。生于林缘、草甸或山坡林下。

分布：科右前旗。

储量：约10吨。

药用价值：根及根茎入药（药材名：藜芦），能催吐、祛痰、杀虫，主治中风、癫痫、喉痹等；外用治疥癣、恶疮、杀虫蛆。根及根茎也入蒙医药（蒙医药名：阿格西日嘎），能催吐、峻下，主治遗毒、积食、心口痞等。

2. 毛穗藜芦

Veratrum maackii Regel

蒙名：乌斯图—阿格西日嘎

生境：多年生草本、中生植物。森林草甸种。生于林下、灌丛和山地草甸。

分布：科右中旗。

储量：约 10 吨。

药用价值：根及根茎入药（药材名：藜芦），能催吐、祛痰、杀虫，主治中风、癫痫、喉痹等；外用治疥癣、恶疮、杀虫蛆。根及根茎也入蒙药（蒙药名：乌斯图—阿格西日嘎），能催吐、峻下，主治遗毒、积食、心口痞等。

（二）知母属 Anemarrhena Bunge

知母

Anemarrhena asphodeloides Bunge

蒙名：闹米乐嘎那（陶来音—汤乃）

别名：兔子油草

生境：多年生草本、中旱生植物。草甸草原种。生于草原、草甸草原、山地砾质草原。

分布：科右前旗、科右中旗、扎赉特旗、突泉县、乌兰浩特市。

储量：约 20 吨。

药用价值: 根茎入药(药材名: 知母)，能清热泻火、滋阴润燥，主治高热烦渴、肺热咳嗽、阴虚燥咳、消渴、午后潮热等。

（三）萱草属 Hemerocallis L.

1. 小黄花菜

Hemerocallis minor Mill.

蒙名：哲日利格—西日—其其格

别名：黄花菜

生境：多年生草本、中生植物。草甸种。在草甸化草原和杂类草草甸中可成为优势种之一。生于山地草原、林缘、灌丛中。

分布：科右前旗、科右中旗。

储量：约 10 吨。

药用价值：根入药，能清热利尿、凉血止血，主治水肿、小便不利、淋虫、尿血、衄血、便血、黄疸等；外用治乳痈。

2. 黄花菜

Hemerocallis citrina Baroni

蒙名：西日—其其格

别名：金针菜

生境：多年生草本、中生植物。生于林缘及谷地。

分布：科右中旗。

储量：约 10 吨。

药用价值：根入药，能清热利尿、凉血止血，主治水肿、小便不利、淋虫、尿血、衄血、便血、黄疸等；外用治乳痈。

（四）百合属 Lilium L.

1. 有斑百合

Lilium concolor Salisb. var. pulchellum (Fisch.) Regel

蒙名：朝哈日—萨日那

生境：多年生草本、中生植物。生于山地草甸、林缘及草甸草原。

分布：科右前旗、扎赉特旗。

储量：约 10 吨。

药用价值：花及鳞茎入蒙药（蒙药名：乌和日—萨仁纳），能接骨、治伤、去黄水、清热解毒、止咳止血，主治骨折、创伤出血、虚热、铅中毒、毒热、痰中带血、月经过多等。

2. 山丹

Lilium pumilum DC.

蒙名：萨日阿楞

别名：细叶百合、山丹丹花

生境：多年生草本、中生植物。生于草甸草原、山地草甸及山地林缘。

分布：科右前旗、科右中旗、扎赉特旗、突泉县。

储量：约 10 吨。

药用价值：鳞茎入药，能养阴润肺、清习安神，主治阴虚、久咳、痰中带血、虚烦惊悸、神志恍惚。花及鳞茎也入蒙药（蒙药名：萨日良），能接骨、治伤、去黄水、清热解毒、止咳止血，主治骨折、创伤出血、虚热、铅中毒、毒热、痰中带血、月经过多等。

（五）铃兰属　Convallaria L.

铃兰

Convallaria majalis L.

蒙名：烘好来—其其格

生境：多年生草本、中生植物。生于林下、林间草甸及灌丛中。

分布：科右前旗、扎赉特旗。

储量：约 10 吨。

药用价值：全草入药，能强心、利尿，主治心力衰竭、心房纤颤、浮肿等。

（六）黄精属　Polygonatum Mill.

1. 小玉竹

Polygonatum humile Fisch. ex Maxim.

蒙名：那大汉—冒呼日—查干

生境：多年生草本、中生植物。生于林下、林缘、灌丛、山地草甸及草甸化草原。

分布：科右前旗、科右中旗、扎赉特旗、突泉县。

储量：约 20 吨。

药用价值：根茎入药（药材名：玉竹），能养阴润燥、生津止渴，主治热病伤阴、口燥咽干、干咳少痰、心烦心悸、消渴等。根茎也入蒙药（蒙药名：巴嘎—冒呼日—查干），能强壮、补肾、去黄水、温胃、降气，主治久病体弱、肾寒、腰腿酸痛、滑精、阳痿、寒性黄水病、胃寒、嗳气、胃胀、积食、食泻等。

2. 玉竹

Polygonatum odoratum (Mill.)Druce

蒙名：冒呼日—查干

别名：萎蕤

生境：多年生草本、中生植物。生于林下、灌丛、山地草甸。

分布：科右前旗、科右中旗、扎赉特旗、突泉县。

储量：约 20 吨。

药用价值：根茎入药（药材名：玉竹），能养阴润燥、生津止渴，主治热病伤阴、口燥咽干、干咳少痰、心烦心悸、消渴等。根茎也入蒙药（蒙药名：冒呼日—查干），能强壮、补肾、去黄水、温胃、降气，主治久病体弱、肾寒、腰腿酸痛、滑精、阳痿、寒性黄水病、胃寒、嗳气、胃胀、积食、食泻等。

3. 轮叶黄精

Polygonatum verticillatum (L.) All.

蒙名：布力乌日—冒呼日—查干

别名：红果黄精

生境：多年生草本、中生植物。生于林缘草甸。

分布：科右前旗、阿尔山市。

储量：约 10 吨。

药用价值：根茎入药，能补脾润肺、益气养阴，主治体虚乏力、腰膝软弱、心悸气短、肺燥咳嗽、干咳少痰、消渴等。根茎也入蒙药（蒙药名：都桂日模勒—查干胡日），能滋肾、强壮、温胃、排脓、去黄水，主治肾寒、腰腿酸痛、滑精、阳痿、体虚乏力、寒性黄水病、头晕目眩、积食、食泻等。

4. 黄精

Polygonatum sibiricum Delar. ex Redoute

蒙名：西伯日—冒呼日—查干

别名：鸡头黄精

生境：多年生草本、中生植物。生于林下、灌丛或山地草甸。

分布：科右前旗、科右中旗、扎赉特旗、阿尔山市。

储量：约 10 吨。

药用价值：根茎入药（药材名：黄精），能补脾润肺、益气养阴，主治体虚乏力、腰膝软弱、心悸气短、肺燥咳嗽、干咳少痰、消渴等。根茎也入蒙药（蒙药名：查干—胡日），能滋肾、强壮、温胃、排脓、去黄水，主治肾寒、腰腿酸痛、滑精、阳痿、体虚乏力、寒性黄水病、头晕目眩、食积、食泻等。

九十二、薯蓣科 Dioscoreacea

薯蓣属 Dioscorea L.

穿龙薯蓣

Dioscorea nipponica Makino.

蒙名：乌和日—敖日洋古

别名：穿山龙

生境：多年生草本、中生植物。生于山地林下及灌丛。

分布：科右前旗、扎赉特旗。

储量：约 10 吨。

药用价值：根茎入药（药材名：穿山龙），能舒筋活血、祛风止痛、化痰止咳，主治风寒湿痹、腰腿疼痛、筋骨麻木、大骨节病、扭挫伤、支气管炎。

九十三、鸢尾科　Iridaceae

鸢尾属　Iris L.

1. 细叶鸢尾

Iris tenuifolia Pall.

蒙名：敖汗—萨哈拉

生境：多年生草本植物。生于草原、沙地及石质坡地。

分布：科右中旗、扎赉特旗、突泉县。

储量：约 10 吨。

药用价值：根及种子入药，能安胎养血，主治胎动不安、血崩。花及种子也入蒙药（蒙药名：纳仁—查黑勒德格），能解痉、杀虫、止痛、解毒、利疸退黄、消食、治伤、生肌、排脓、燥黄水，主治霍乱、蛲虫病、牙虫、皮肤痒、虫积腹痛、热毒疮疡、烫伤、脓疮、黄疸型肝炎、肋痛、口苦等。

2. 马蔺（变种）

Iris lacteal Pall. var. chinensis (Fisch.) Koidz.

蒙名：查黑乐得格

生境：多年生草本、中生植物。生于河滩、盐碱滩地，为盐化草甸建群种。

分布：科右前旗、科右中旗、扎赉特旗、乌兰浩特市。

储量：约 15 吨。

药用价值：花、种子及根入药，能清热解毒、止血、利尿，主治咽喉肿痛、吐血、衄血、月经过多、小便不利、淋病、白带、肝炎、疮疖痈肿等。花及种子也入蒙药（蒙药名：查黑勒德格），能解痉、杀虫、止痛、解毒、利疸退黄、消食、治伤、生肌、排脓、燥黄水，主治霍乱、蛲虫病、牙虫、皮肤痒、虫积腹痛、热毒疮疡、烫伤、脓疮、黄疸型肝炎、肋痛、口苦等。

九十四、兰科 Orchidaceae

（一）手参属 Gymnadenia R. Br.

手掌参

Gymnadenia conopsea (L.) R. Br.

蒙名：阿拉干—查合日麻

别名：手参

生境：多年生草本、中生植物。生于沼泽化灌丛草甸、湿草甸、林缘草甸及海拔1300米的山坡灌丛中和林下。

分布：科右前旗、科右中旗、扎赉特旗、阿尔山市。

储量：约15吨。

药用价值：块茎入药，能补养气血、生津止渴，主治久病体虚、失眠心悸、肺虚咳嗽、慢性肝炎、久泻、失血、带下、乳少、阳痿等。块茎也入蒙药（蒙药名：额日和藤奴—嘎日），能强壮、生津、固精益气，主治滑精、阳痿、久病体虚、腰腿酸痛、痛风、游痛症等。

（二）绶草属 Spiranthes Rich

绶草

Spiranthes sinensis (Pers.) Ames.

蒙名：敖朗黑伯

别名：盘龙参、扭扭兰

生境：多年生草本、中生、湿生植物。生于沼泽化草甸或林缘草甸。

分布：科右前旗、科右中旗、扎赉特旗、乌兰浩特市。

储量：约10吨。

药用价值：块根或全草入药。能补脾润肺、清热凉血，主治病后体虚、神经衰弱、咳嗽吐血、咽喉肿痛、小儿夏季热、糖尿病、白带；外用治毒蛇咬伤。

参考文献

［1］ 马毓泉．内蒙古植物志：第 1–5 卷［M］．2 版．呼和浩特：内蒙古人民出版社，1998.

［2］ 赵一之，赵利清，曹瑞. 内蒙古植物志：第1–6卷［M］．3版. 呼和浩特：内蒙古人民出版社，2019.

［3］ 欧阳雪．中国共产党对中医药的保护传承与发展［M］．光明日报，2020–04–01.

［4］ 蒙医药事业现状发展前景［EB/OLM］．（2014–05–01）［2022–01–01］.http//www.mi2u56.net/yy/my/10205.html.

［5］ 2017 年中国中药行业发展现状分析及未来发展趋势预测［EB/OL］．（2017–07–28）［2022–01–01］．

［6］ 胥健，阿拉坦巴根．兴安盟植物种质资源［M］．长春：吉林大学出版社，2018.

［7］ 邢旗，吉木色，孟和巴特尔．内蒙古草原常见植物图鉴［M］．呼和浩特：内蒙古人民出版社，2008.

［8］ 红波，胥健，陈良．兴安盟植物名录［M］．长春：吉林大学出版社，2017.

附录

汉文索引

A

B

C

E

F

G

H

J

K

L

M

N

O

P

Q

R

S

T

W

X

Y

Z

拉丁文索引

A

B

C

D

E

H

I

J

K

L

N

O

P

Q

R

S

T

U

X

Z

ᠮᠣᠩᠭᠣᠯ ᠠᠭᠤᠯᠭ᠎ᠠ ᠶᠢᠨ ᠲᠣᠪᠴᠢ ᠪᠠ ᠭᠠᠷᠴᠠᠭ

ᠠᠭᠤᠯᠭ᠎ᠠ ᠶᠢᠨ ᠲᠣᠪᠴᠢ

[illegible]

[illegible] 5 [illegible] 14 [illegible]

[illegible] 76 [illegible] 113 [illegible] 447 [illegible] 1164 [illegible] ·

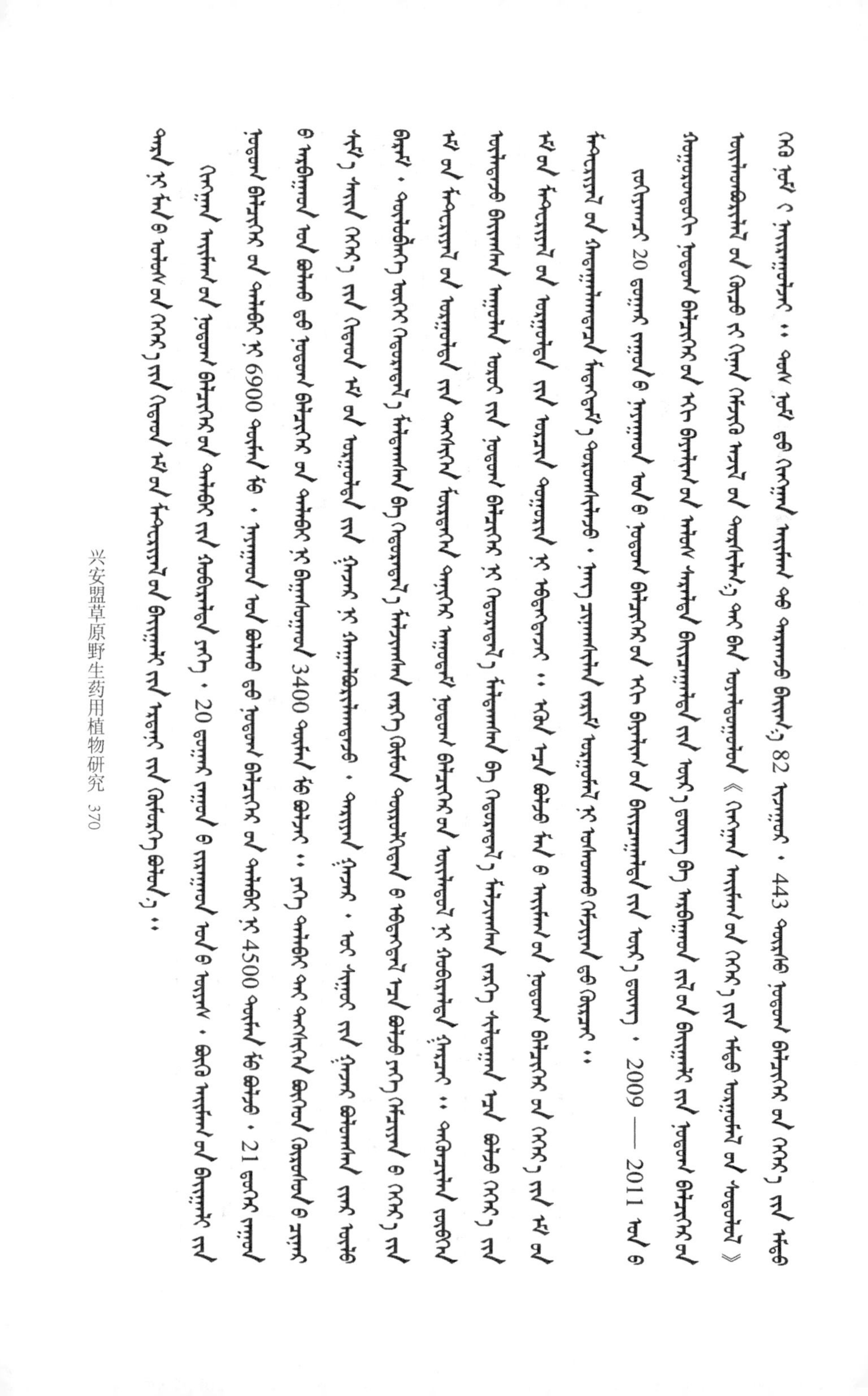

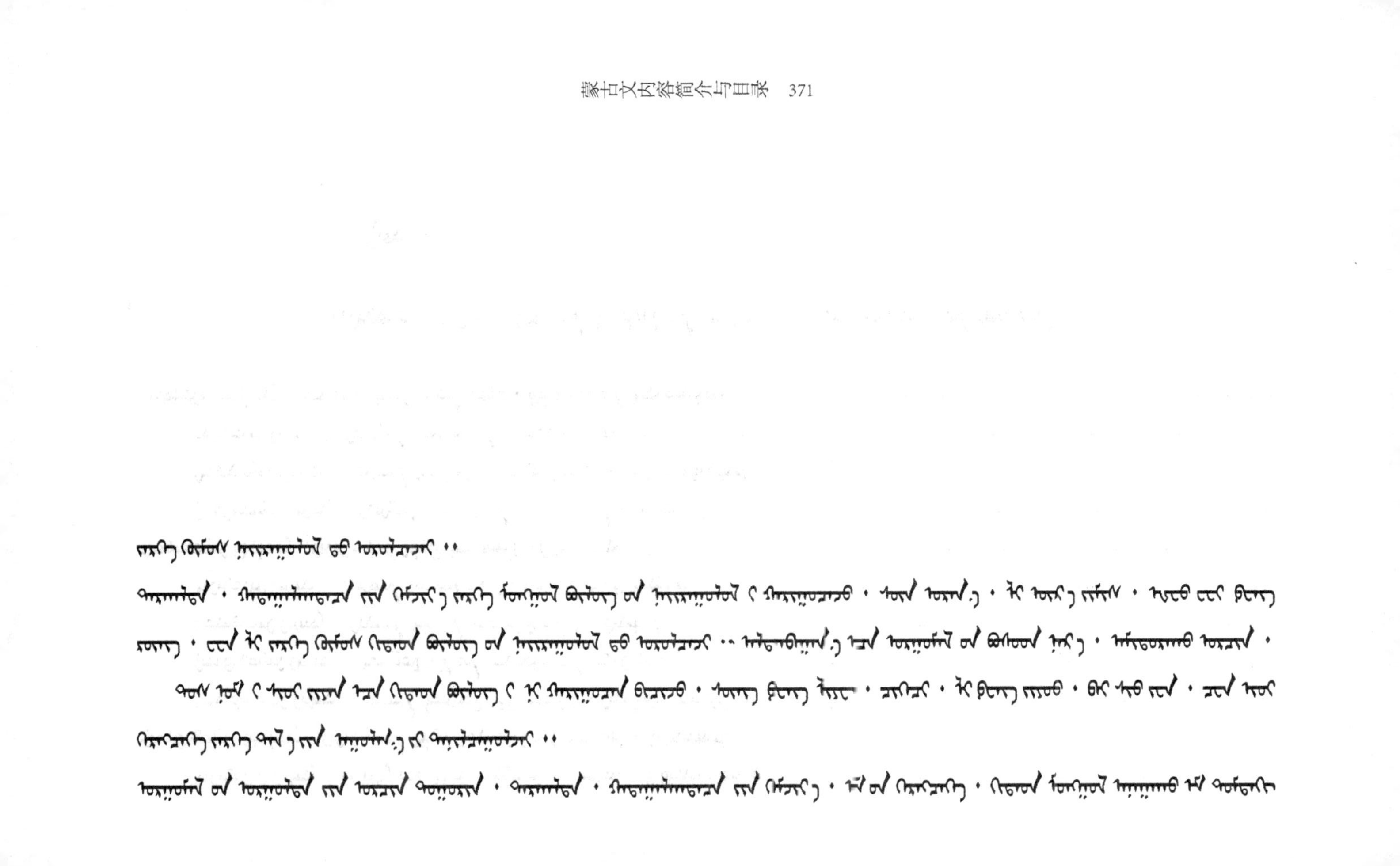

[illegible]

[illegible]

[illegible]

[illegible]

[illegible]

[illegible]

ᠭᠠᠷᠴᠠᠭ

ᠨᠢᠭᠡᠳᠦᠭᠡᠷ ᠬᠡᠪᠯᠡᠯ ᠬᠢᠩᠭᠠᠨ ᠠᠶᠢᠮᠠᠭ ᠤᠨ ᠬᠡᠭᠡᠷ᠎ᠡ ᠶᠢᠨ ᠵᠡᠷᠯᠢᠭ ᠡᠮ ᠤᠷᠭᠤᠮᠠᠯ ᠤᠨ ᠲᠣᠶᠢᠮ

ᠬᠣᠶᠠᠳᠤᠭᠠᠷ ᠬᠡᠰᠡᠭ [illegible]

《中国蒙古学文库》已经出版书目

（按出版日期顺序排列）

1.《成吉思汗哲学思想研究》（格·孟和著，蒙古文，1997年6月出版，定价33.00元）

2.《蒙古族逻辑思维研究》（图·乌力吉著，蒙古文，1997年6月出版，定价14.00元）

3.《蒙古族儿童文学概要》（哈斯巴拉等著，蒙古文，1997年6月出版，定价17.00元）

4.《阿尔寨石窟回鹘蒙古文榜题研究》（哈斯额尔敦、丹森等著，蒙古文，1997年6月出版，定价16.00元）

5.《蒙古族音乐史》（呼格吉乐图著，蒙古文，1997年6月出版，定价34.00元）

6.《中国人民解放战争时期内蒙古骑兵史》（乌嫩齐主编，汉文，1997年6月出版，定价16.00元）

7.《蒙古族正骨学》（旺钦扎布著，蒙古文，1997年6月出版，定价35.00元）

8.《蒙古学论著索引（1986—1995）》（额尔德尼编，汉文，1997年6月出版，定价21.00元）

9.《蒙古族美术研究》(阿木尔巴图著，汉文，1997年6月出版，定价48.00元)

10.《古代蒙古法制史》(奇格著，汉文，1999年9月出版，定价23.00元)

11.《蒙古文书法概论》(额尔很巴雅尔主编，蒙古文，1999年9月出版，定价20.00元)

12.《蒙古族民歌与交响乐研究》(永儒布著，汉文，1999年10月出版，定价48.00元)

13.《蒙古族文物与考古研究》(盖山林著，汉文，1999年12月出版，定价48.00元)

14.《〈蒙古源流〉研究》(乌兰著，汉文，2000年4月出版，定价55.00元)

15.《蒙古族全史》(第1卷)(留金锁著，蒙古文，2000年12月出版，定价25.00元)

16.《蒙古族美学史》(满都夫著，汉文，2000年12月出版，定价45.00元)

17.《中国民族语文工作的创举》(舍那木吉拉著，汉文，2000年12月出版，定价18.00元)

18.《蒙古族民歌与交响乐研究》(永儒布著，原为汉文，那顺乌尔塔译成蒙古文，2000年12月出版，定价48.00元)

19.《蒙古学论著索引(1986—1995)》(额尔德尼编，原为汉文，诺尔金等译成蒙古文，2000年12月出版，定价58.00元)

20.《中古蒙古语研究》(嘎日迪著，蒙古文，2001年10月出版，定价45.00元)

21.《蒙古族美术研究》(阿木尔巴图著，原为汉文，那顺乌尔塔译成蒙古文，2001年12月出版，定价68.00元)

22.《蒙古族传统疗法》(郭·道布清、图门巴雅尔编著，蒙古文，2001年12月出版，定价40.00元)

23.《蒙古族土地所有制特征研究》(额尔敦扎布、萨日娜著，蒙古文，2001年12月出版，定价30.00元)

24.《蒙古族曲艺研究》(贺喜歌芒来著，蒙古文，2001年12月出版，定价45.00元)

25.《忽必烈汗思想研究》(巴图巴干著，蒙古文，2002年4月出版，定价30.00元)

26.《蒙古族商业发展史》(额斯日格仓、包·赛吉拉夫著，蒙古文，2002年6月出版，定价38.00元)

27.《现代蒙医学》(琪格其图主编，汉文，2002年7月出版，定价30.00元)

28.《中国蒙古学研究概论》(吉木斯、特·额尔敦陶克套主编，蒙古文，2002年8月出版，定价60.00元)

29.《中国人民解放战争时期内蒙古骑兵史》(乌嫩齐著，原为汉文，牧仁译成蒙古文，2002年8月出版，定价55.00元)

30.《蒙古族哲学思想史》(苏和、陶克套著，汉文，2002年9月出版，定价36.00元)

31.《蒙古族儿童文学概论》(哈斯巴拉等著，原为蒙古文，蒋丽君等译成汉文，2002年10月出版，定价30.00元)

32.《佛教与蒙古文学》(德斯莱扎布著，蒙古文，2002年12月出版，定价30.00元)

33.《蒙古族古代典型战例》(阿木尔门德著，汉文，2002年12月出版，定价36.00元)

34.《蒙古文书法概论》(额力很巴雅尔著，原为蒙古文，额力很巴雅尔译成汉文，2003年12月出版，定价25.00元)

35.《蒙古族古代军事史》(胡泊主编，汉文，2004年3月出版，定价95.00元)

36.《蒙古族经济思想史研究》(陈献国主编，汉文，2004年4月出版，定价28.00元)

37.《蒙古族古代名将录》(叶喜著，汉文，2004年10月出版，定价22.00元)

38.《松巴堪布诗学研究》(额尔敦白音著，蒙古文，2004年10月出版，定价50.00元)

39.《古代蒙古法制史》(奇格著，原为汉文，奇格译成蒙古文，2004年12月出版，定价25.00元)

40.《中国民族语文工作的创举》(舍那木吉拉著，原为汉文，舍那木吉拉等译成蒙古文，2004年12月出版，定价35.00元)

41.《蒙古族哲学思想史》(苏和、陶克套著，原为汉文，齐秀华译成蒙古文，2004年12月出版，定价45.00元)

42.《蒙医学史与文献研究》（吉格木德著，蒙古文，2004年12月出版，定价32.00元）

43.《蒙古族近现代思想史论》（宝力格著，汉文，2005年3月出版，定价20.00元）

44.《元大都研究》（昔宝尼赤·却拉布吉著，蒙古文，2005年3月出版，定价75.00元）

45.《蒙古族宗教史》（苏鲁格著，汉文，2005年4月出版，定价32.00元）

46.《哈撒儿研究》（包·赛吉拉夫著，蒙古文，2005年6月出版，定价50.00元）

47.《蒙古语构词法研究》（特格希都楞著，蒙古文，2005年7月出版，定价20.00元）

48.《蒙古族正骨学》（旺钦扎布著，原为蒙古文，旺钦扎布译成汉文，2005年7月出版，定价45.00元）

49.《现代蒙医学》（琪格其图主编，原为汉文，琪格其图译成蒙古文，2005年7月出版，定价48.00元）

50.《成吉思汗哲学思想研究》（格·孟和著，原为蒙古文，何金山等译成汉文，2005年7月出版，定价45.00元）

51.《蒙古族近代战争史》（巴音图、张成业著，汉文，2005年11月出版，定价42.00元）

52.《〈蒙古源流〉研究》（乌兰著，原为汉文，阿拉坦巴根译为蒙古文，2005年12月出版，定价60.00元）

53.《蒙古族传统疗法》（郭·道布清、图门巴雅尔编，原为蒙古文，

郭·道布清、图门巴雅尔译成汉文，2005年12月出版，定价22.00元）

54.《蒙古族古代典型战例》（阿木尔门德著，原为汉文，策·诺尔金译成蒙古文，2005年12月出版，定价60.00元）

55.《元朝时期的山西地区》（瞿大风著，汉文，2005年12月出版，定价35.00元）

56.《蒙古族治疗骨伤的创新》（慕精阿、海志凡、海波著，汉文，2005年12月出版，定价42.00元）

57.《乌鲁别克传》（孛儿只斤·旺其格著，蒙古文，2006年6月出版，定价30.00元）

58.《蒙古语语法化过程研究》（套格敦白乙拉著，蒙古文，2006年8月出版，定价36.00元）

59.《蒙古族古代名将录》（叶喜著，原为汉文，那顺乌日塔译成蒙古文，2006年9月出版，定价35.00元）

60.《17世纪蒙古编年史与蒙古文文书档案研究》（希都日古著，汉文，2006年9月出版，定价26.00元）

61.《元朝时期的山西地区》（瞿大风著，汉文，2006年9月出版，定价40.00元）

62.《蒙古兽医研究》（巴音木仁著，汉文，2006年10月出版，定价40.00元）

63.《蒙古语构词法研究》（特格希都楞著，汉文，2006年11月出版，定价30.00元）

64.《蒙古族音乐史》（呼格吉勒图著，原为蒙古文，龙梅、乌云巴图译成汉文，2006年12月出版，定价40.00元）

65.《法式善“梧门诗话”研究》（宏伟著，汉文，2006年12月出版，定价42.00元）

66.《蒙古族科学技术简史》（李迪著，汉文，2006年12月出版，定价32.00元）

67.《蒙古族古代交通史》（德山、乌日娜、赵相璧著，汉文，2006年12月出版，定价28.00元）

68.《中古蒙古语研究》（嘎日迪著，原为蒙古文，嘎日迪译成汉文，2006年12月出版，定价40.00元）

69.《蒙古族商业发展史》（额斯日格仓、包·赛吉拉夫著，原为蒙古文，哈斯木仁、胡格吉勒图、杨晓华译成汉文，2007年5月出版，定价28.00元）

70.《藏传佛教与蒙古族文化》（唐吉思著，汉文，2007年6月出版，定价40.00元）

71.《蒙古族姓氏研究》（奥都高德·博·苏达那木道尔吉著，蒙古文，2007年6月出版，定价90.00元）

72.《忽必烈汗思想研究》（巴图巴干著，原为蒙古文，吉木斯、哈日赤译成汉文，2007年6月出版，定价25.00元）

73.《蒙古哲学宏旨研究》（格·孟和著，蒙古文，2007年7月出版，定价50.00元）

74.《成吉思汗兵法研究》（胡泊著，汉文，2007年7月出版，定价28.00元）

75.《成吉思汗与蒙古文化》(那仁敖其尔等著，蒙古文，2007年7月出版，定价35.00元)

76.《蒙古族曲艺新探索》(贺希歌芒来著，原为蒙古文，贺希歌芒来译成汉文，2007年7月出版，定价48.00元)

77.《清代八旗蒙古汉文著作家政治思想研究》(张力均著，汉文，2007年11月出版，定价25.00元)

78.《蒙古族近现代思想史论》(宝力格著，原为汉文，萨础拉、陈永庆译成蒙古文，2007年11月出版，定价25.00元)

79.《蒙古族治疗骨伤的创新》(慕精阿、海志凡、海波著，原为汉文，旺钦扎布译成蒙古文，2007年12月出版，定价52.00元)

80.《蒙古族书面文学的基本体系研究》(满全著，蒙古文，2007年12月出版，定价45.00元)

81.《蒙古族天文历法史》(孛儿只斤·旺其格著，汉文，2008年3月出版，定价67.00元)

82.《蒙古文“金光明经”词汇研究》(上、下册)(乌力吉陶格套著，蒙古文，2008年4月出版，定价95.00元)

83.《制度视域下的草原生态环境保护》(盖志毅著，汉文，2008年5月出版，定价42.00元)

84.《哈撒儿研究》(包·赛吉拉夫著，汉文，2008年5月出版，定价45.00元)

85.《蒙古族美学史》(满都夫著，原为汉文，桑杰、其木格译成蒙古文，2008年6月出版，定价75.00元)

86.《清代满蒙文词典研究》（春花著，汉文，2008年7月出版，定价50.00元）

87.《蒙古族传统文化的现代价值》（齐秀华、额尔敦陶格套著，蒙古文，2008年9月出版，定价32.00元）

88.《蒙古族生态经济研究》（暴庆伍著，汉文，2009年1月出版，定价38.00元）

89.《蒙古族姓氏大全》（明安特·沙·东希格著，蒙古文，2009年1月出版，定价95.00元）

90.《蒙古族生态智慧论》（乌峰、包庆德主编，汉文，2009年1月出版，定价35.00元）

91.《蒙古族数学史》（孛儿只斤·旺其格著，蒙古文，2009年1月出版，定价50.00元）

92.《蒙古语修辞学研究》（德力格尔著，蒙古文，2009年4月出版，定价40.00元）

93.《红山诸文化与游牧民族原始宗教比较研究》（王其格著，蒙古文，2009年5月出版，定价38.00元）

94.《蒙古语语法的认知功能研究》（套格敦白乙拉著，蒙古文，2009年5月出版，定价28.00元）

95.《八思巴文变形体研究》（乌力吉白乙拉著，蒙古文，2009年5月出版，定价30.00元）

96.《藏传佛教与蒙古文化》（唐吉思著，原为汉文，唐吉思译成蒙古文，2009年6月出版，定价55.00元）

97.《蒙古语词语的文化研究》(天峰著，蒙古文，2009年7月出版，定价30.00元)

98.《清代内蒙古地区寺院经济研究》(胡日查著，汉文，2009年7月出版，定价30.00元)

99.《蒙古语语音实验研究》(呼和著,汉文,2009年7月出版,定价30.00元)

100.《尹湛纳希人文思想研究》(席布仁门德著，蒙古文，2009年7月出版，定价38.00元)

续版已经出版书目

1.《近代内蒙古行政建制变迁研究》(孟和宝音著，汉文，2010年12月出版，定价40.00元)

2.《蒙汉历史接触与蒙古语言文化变迁》(曹道巴特尔著，汉文，2010年12月出版，定价45.00元)

3.《阿尔寨石窟回鹘蒙古文榜题研究》(哈斯额尔敦等著，原为蒙古文，纳·巴图吉日嘎拉、纳楚格、嘎日迪译成汉文，2010年12月出版，定价35.00元)

4.《清代官修民族文字文献编纂研究》(乌兰其木格著，汉文，2010年12月出版，定价38.00元)

5.《蒙古族佛教文化调查研究》(唐吉思著，汉文，2010年12月出版，定价98.00元)

6.《元国书官印汇释》(照那斯图、薛磊著，汉文，2011年4月出版，定价40.00元)

7.《蒙古文学史学研究》(乌日斯嘎拉著，蒙古文，2011年5月出版，定价36.00元)

8.《蒙古族全史》(第1卷)(留金锁著，原为蒙古文，浩斯巴特尔、包阿拉塔译成汉文，2011年7月出版，定价30.00元)

9.《蒙古哲学原理研究》(格·孟和著，蒙古文，2011年8月出版，定价85.00元)

10.《蒙古族古代军事史》(胡泊著，原为汉文，查干高娃编译，蒙古文，2011年8月出版，定价100.00元)

11.《新牧区建设与牧区政策调整——以内蒙古为例》(盖志毅著，汉文，2011年11月出版，定价75.00元)

12.《古代蒙古货币研究》(虹宝音著，汉文，2011年11月出版，定价30.00元)

13.《蒙古族古代汉文文化研究》(宏伟著，蒙古文，2011年12月出版，定价45.00元)

14.《元朝时期札剌亦儿部研究》(谢咏梅著，汉文，2012年3月出版，定价38.00元)

15.《蒙古文学文体转化研究》(包红梅著，蒙古文，2012年5月出版，定价40.00元)

16.《蒙古文字结构研究》(王桂荣著，蒙古文，2012年5月出版，定价50.00元)

17.《近现代内蒙古游牧变迁研究》（阿拉腾嘎日嘎著，汉文，2012年6月出版，定价35.00元）

18.《蒙古文文论理论建构》（孟和乌力吉著，蒙古文，2012年6月出版，定价70.00元）

19.《蒙古语形态研究》（包满亮著，蒙古文，2012年6月出版，定价60.00元）

20.《蒙古语言的语法化过程与机制》（套格敦白乙拉著，蒙古文，2012年7月出版，定价45.00元）

21.《蒙古历史文化的哲学解读》（格孟和著，蒙古文，2012年7月出版，定价56.00元）

22.《尹湛纳希与儒家文化》（胡格吉乐图著，汉文，2012年9月出版，定价30.00元）

23.《蒙古族现代诗歌研究》（黄金著，蒙古文，2012年11月出版，定价63.00元）

24.《现代蒙古语语义框架研究》（德·萨日娜著，蒙古文，2013年3月出版，定价30.00元）

25.《蒙古民歌的程式化研究》（哈斯其木格著，蒙古文，2013年3月出版，定价36.00元）

26.《蒙古帝国政治制度及政治思想研究》（扎拉嘎著，蒙古文，2013年3月出版，定价55.00元）

27.《近代内蒙古行政建制变迁研究》（孟和宝音著，原为汉文，孟和宝音、娜仁其其格译成蒙古文，2013年6月出版，定价65.00元）

28.《游牧社会形态论》(额灯套格套著，汉文，2013年8月出版，定价65.00元)

29.《乌珠穆沁部落研究》(高·阿晔著，蒙古文，2013年10月出版，定价50.00元)

30.《蒙古文化中的人与自然关系研究》(马桂英著，汉文，2013年11月出版，定价37.00元)

31.《清代蒙古文出版文化研究》(宝山，哈斯格日乐著，蒙古文，2013年11月，定价52.00元)

32.《清代蒙古寺庙管理体制研究》(胡日查著，汉字，2013年11月，定价42.00元)

33.《大蒙古国与金国战争史》(鲍格鲁特·鲍音著，蒙古文，2013年12月，定价40.00元)

34.《蒙古族太阳崇拜研究》(阿拉坦格日乐著，蒙古文，2013年12月，定价45.00元)

35.《蒙古族传统医学史纲》(热·王钦扎布、娜日娜著，蒙古文，2013年12月出版，定价40.00元)

36.《蒙古族生态智慧论》(乌峰、包庆德著，原为汉文，孟根宝力高、包玉兰译成蒙古文，2014年4月出版，定价50.00元)

37.《蒙古语短语结构知识库相关研究》(达胡白乙拉著，蒙古文，2014年4月出版，定价45.00元)

38.《蒙古族藏文文论体系研究》(树林著，蒙古文，2014年4月出版，定价65.00元)

39.《蒙古民族敖包祭祀文化认同研究》(那仁毕力格著，汉文，2014年4月出版，定价32.00元)

40.《嫩科尔沁史概略》(包额尔德木图著，蒙古文，2014年6月出版，定价58.00元)

41.《蒙古羊肉食文化研究》(群可加著，蒙古文，2014年6月出版，定价45.00元)

42.《〈蒙古秘史〉逻辑思想研究》(莫日根巴图著，汉文，2014年7月出版，定价40.00元)

43.《劳斯尔及其作品研究》(朝克图、赵玉华著，汉文，2014年10月出版，定价56.00元)

44.《蒙古地名研究》(天峰著，蒙古文，2014年10月出版，定价50.00元)

45.《玛拉沁夫小说民族文化源缘研究》(额尔敦仓著，汉文，2014年11月出版，定价42.00元)

46.《外部环境与内部环境：蒙古族当代文学前沿问题研究》(满全著，蒙古文，2014年12月出版，定价70.00元)

47.《制度视域下的草原生态环境保护》(盖志毅著，原为汉文，吴宝山、乌兰编译成蒙古文，2014年12月出版，定价80.00元)

48.《蒙古族生态文学研究》(巴·苏和著，蒙古文，2015年1月出版，定价56.00元)

49.《编辑学概论》(阿拉木斯、莫日根高娃著，蒙古文，2015年4月出版，定价68.00元)

50.《蒙古语地名文化遗产保护研究》(仁钦道尔吉著，汉文，2015年4月出版，定价56.00元)

51.《13—19世纪蒙古法制沿革史研究》(那仁朝格图著，汉文，2015年4月出版，定价50.00元)

52.《蒙古民间文学研究：以青海民间文学为例》(呼和编著，蒙古文，2015年7月出版，定价68.00元)

53.《蒙古语句法结构的认知研究》(阿拉坦苏和、套格敦白乙拉著，蒙古文，2015年12月出版，定价50.00元)

54.《蒙古族传统伦理要义》(斯仁著，蒙古文，2015年12月出版，定价65.00元)

55.《蒙古史诗的非物质文化价值研究》(关金花，蒙古文，2015年12月出版，定价72.00元)

56.《探秘〈江格尔〉》(张越著，汉文，2016年5月出版，定价55.00元)

57.《蒙古语地名保护研究》(仁钦道尔吉著，蒙古文，2016年5月出版，定价78.00元)

58.《日本侵占时期“兴安省”经济统制政策研究》(齐百顺著，汉文，2016年5月，定价60.00元)

59.《蒙古史诗美学研究》(额尔敦高娃著，蒙古文，2016年6月出版，定价80.00元)

60.《喀尔喀车臣汗部研究》(姑茹玛著，汉文，2016年7月出版，定价48.00元)

61.《蒙古文化概论》(格·孟和著，汉文，2016年9月出版，定价75.00元)

62.《蒙古族十二生肖文化研究》(今晓著，蒙古文，2016年12月出版，定价60.00元)

63.《果亲王允礼藏〈密印授记请问经〉研究》(根泉著，蒙古文，2017年2月出版，定价65.00元)

64.《乌拉特三贤探微》(乌力吉巴雅尔著，蒙古文，2017年3月出版，定价70.00元)

65.《清代至民国时期土默特地区社会变迁研究》(乌仁其其格著，汉文，2017年5月出版，定价65.00元)

66.《启蒙思潮中的蒙古文学》(敖特根白乙拉著，蒙古文，2017年6月出版，定价70.00元)

67.《成吉思汗祭奠仪式及其文化功能研究》(额灯套格套主编，蒙古文，2017年7月出版，定价75.00元)

68.《中国蒙古文学学术史》(巴·苏和，特日乐著，汉文，2017年7月出版，定价70.00元)

69.《成吉思汗传说研究》(宝音德力根著，蒙古文，2017年10月出版，定价75.00元)

70.《卡尔梅克语土尔扈特土语研究》(秀花著，蒙古文，2017年11月出版，定价80.00元)

71.《蒙古贞历史》(暴风雨、项福生主编，汉文，2018年3月出版，定价65.00元)

72.《蒙古人崇拜自然的意识研究》（席·哈斯巴特尔著，蒙古文，2018年4月出版，定价75.00元）

73.《蒙古族全史·第二卷》（留金锁著，蒙古文，2018年5月出版，定价70.00元）

74.《蒙古哲学概论》（格·孟和著，汉文，2018年5月出版，定价75.00元）

75.《内蒙古牧区合作经济组织研究》（敖仁其、艾金吉雅编著，汉文，2018年8月出版，定价68.00元）

76.《清代蒙古地方法规研究》（金山、包斯琴著，汉文，2018年8月出版，定价70.00元）

77.《乌珠穆沁女性风俗研究》（玉荣著，汉文，2018年8月出版，定价40.00元）

78.《阿拉善旗经济史研究》（普·乌力吉著，蒙古文，2019年4月出版，定价76.00元）

79.《近代蒙古族社会变革中的藏传佛教》（胡日查著，汉文，2019年4月出版，定价45.00元）

80.《珠日海学》（武殿林编著，蒙古文，2019年5月出版，定价72.00元）

81.《西拉木伦河流域文化研究》（布和温都苏著，格根柱拉、拉西东日布整理，蒙古文，2019年5月出版，定价83.00元）

82.《成吉思汗社会思想研究》（格·孟和著，蒙古文，2019年5月出版，定价105.00元）

83. 《元大都研究》（昔宝赤·却拉布吉著，汉文，2019年7月出版，定价70.00元）

84. 《〈蒙古秘史〉及卫拉特蒙古语》（别·策吾克著，蒙古文，2019年7月出版，定价70.00元）

85. 《蒙古法律文化研究》（特木尔宝力道著，蒙古文，2019年7月出版，定价100.00元）

86. 《经典民歌〈嘎达梅林〉研究》（宝音陶克陶、代兴安、马国林著，蒙古文，2019年8月出版，定价75.00元）

87. 《蒙古族非母语创作研究——以辽宁为例》（萨仁图雅、金秀梅著，汉文，2019年8月出版，定价60.00元）

88. 《〈蒙古秘史〉管理学研究》（吴宝山著，蒙古文，2019年8月出版，定价80.00元）

89. 《〈陶格陶胡之歌〉历史文化研究》（芙蓉、宝音娜著，蒙古文，2019年8月出版，定价60.00元）

90. 《别里古台研究》（包赛吉拉夫著，蒙古文，2019年10月出版，定价60.00元）

91. 《蒙古族叙事民歌中的汉文化影响研究》（包海青著，蒙古文，2019年10月出版，定价68.00元）

92. 《蒙古族游牧智慧研究》（扎格尔著，蒙古文，2019年10月出版，定价80.00元）

93. 《清代蒙译本〈水浒传〉研究》（金荣著，汉文，2019年10月出版，定价40.00元）

94.《胡尔奇研究》（包金刚著，蒙古文，2019年10月出版，定价68.00元）

95.《十七世纪前半叶满蒙关系文书研究》（斯琴高娃著，蒙古文，2019年10月出版，定价70.00元）

96.《 察哈尔万户研究》（宝音初古拉著，汉文，2019年10月出版，定价75.00元）

97.《成吉思汗大札撒研究》（朝克图著，蒙古文，2019年12月出版，定价48.00元）

98.《蒙古格斯尔文化传承、保护与发展研究》（秋喜著，汉文，2020年8月出版，定价48.00元）

99.《现代蒙古语多义词计量研究》（萨日娜、呼日乐吐什著，蒙古文，2020年12月出版，定价55.00元）

100.《蒙古羊食肉文化研究》（群克加著，原为蒙古文，群克加、耿排力译，汉文，2021年1月出版，定价65.00元）

第三版已出版目录

1.《游牧经济学导论》（包玉山著，蒙古文，2021 年 12月出版，定价 60.00 元）

2. 《草原牲俗与道德生活》（斯仁著，蒙古文，2021 年 12 月出版，定价 45.00 元）

3. 《兴安盟草原野生药用植物研究》（阿拉坦巴根主编，汉文，2021 年 12 月出版，定价 70.00 元）